Solutions to 123 Problems in Mechanics of Materials

123道材料力学题解

张鑫傲 ◎ 编著

汕頭大學出版社

图书在版编目（CIP）数据

123 道材料力学题解 / 张鑫傲编著 . -- 汕头：汕头
大学出版社，2025. 3. -- ISBN 978-7-5658-5552-8

Ⅰ. TB301-44

中国国家版本馆 CIP 数据核字第 202545AY26 号

123 道材料力学题解　　　　123DAO CAILIAO LIXUE TIJIE

编　　著：张鑫傲

责任编辑：闵国妹

责任技编：黄东生

封面设计：黑眼圈工作室

出版发行：汕头大学出版社

　　　　　广东省汕头市大学路 243 号汕头大学校园内　　邮政编码：515063

电　　话：0754-82904613

印　　刷：廊坊市海涛印刷有限公司

开　　本：880mm×1230mm　1/16

印　　张：14

字　　数：285 千字

版　　次：2025 年 3 月第 1 版

印　　次：2025 年 4 月第 1 次印刷

定　　价：68.00 元

ISBN 978-7-5658-5552-8

前　言

  材料力学研究材料在各种力和力矩的作用下所产生的应力和应变，以及刚度和强度的问题，是机械工程、土木工程和建筑工程及相关专业的大学生参加招收攻读硕士学位研究生入学统一考试科目．在修读材料力学之前，需要先修读弹性力学的相关知识．

  本书除了对基本变形形式下的内力分析、应力计算公式的推导及其适用的条件性，以及位移计算中的边界条件等特别给予重视外，还对稳定性的概念－临界力公式的推导、能量原理的基本概念和方法、动荷载、组合变形、小变形基本假设等都予以加强．单元体和应力状态、变形能、叠加原理等概念和方法也分散在有关各章中，并通过逐步引出概念，例题、习题应用，以收到反复巩固的功效．编者希望通过这样处理材料力学中的主要内容和相关考题使读者将知识切实学到手．

目　录

第1章　材料力学基本概念 ··· **001**

　　正　文 ··· 001

　　习　题 ··· 007

　　习题参考答案 ·· 009

第2章　材料力学中的一些假设 ·· **012**

　　正　文 ··· 012

第3章　一些常考简答 ··· **015**

　　正　文 ··· 015

第4章　拉压 ··· **018**

　　正　文 ··· 018

　　习　题 ··· 020

　　习题参考答案 ·· 021

第5章　扭转公式推导 ··· **023**

　　正　文 ··· 023

习　题 ·· 026

习题参考答案 ·· 030

第6章　切应力流（扭转）·· **041**

正　文 ·· 041

第7章　弯矩公式推导·· **042**

正　文 ·· 042

习　题 ·· 045

习题参考答案 ·· 046

第8章　梁的正应力强度条件··· **048**

正　文 ·· 048

习　题 ·· 050

习题参考答案 ·· 051

第9章　切应力流（剪力）·· **055**

正　文 ·· 055

习　题 ·· 057

习题参考答案 ·· 058

第10章　叠加法、初参数法与卡氏定理求位移的优缺点·············· **059**

正　文 ·· 059

习　题 ·· 060

习题参考答案 ·· 063

第11章　应力应变方面的基本概念······································ **072**

正　文 ·· 072

习　题 ·· 073

　　习题参考答案 ………………………………………………………………… 074

第12章　应力矩阵 …………………………………………………………… **077**

　　正　文 …………………………………………………………………………… 077

　　习　题 …………………………………………………………………………… 083

　　习题参考答案 …………………………………………………………………… 084

第13章　强度理论 …………………………………………………………… **091**

　　正　文 …………………………………………………………………………… 091

　　习　题 …………………………………………………………………………… 093

　　习题参考答案 …………………………………………………………………… 094

第14章　叠加原理 …………………………………………………………… **096**

　　正　文 …………………………………………………………………………… 096

第15章　应变能 ……………………………………………………………… **098**

　　正　文 …………………………………………………………………………… 098

　　习　题 …………………………………………………………………………… 099

　　习题参考答案 …………………………………………………………………… 100

第16章　能量法解题 ………………………………………………………… **104**

　　正　文 …………………………………………………………………………… 104

　　习　题 …………………………………………………………………………… 108

　　习题参考答案 …………………………………………………………………… 114

第17章　压杆稳定 …………………………………………………………… **125**

　　正　文 …………………………………………………………………………… 125

　　习　题 …………………………………………………………………………… 135

　　习题参考答案 …………………………………………………………………… 140

第 18 章　动荷载 ·· **151**

　　正　文 ·· 151

　　习　题 ·· 154

　　习题参考答案 ·· 155

第 19 章　超静定问题 ·· **157**

　　正　文 ·· 157

　　习　题 ·· 158

　　习题参考答案 ·· 161

第 20 章　叠加梁 ·· **167**

　　正　文 ·· 167

　　习　题 ·· 169

　　习题参考答案 ·· 171

第 21 章　小变形假设对结果的影响 ························ **174**

　　正　文 ·· 174

　　习　题 ·· 175

　　习题参考答案 ·· 176

第 22 章　组合变形 ··· **182**

　　正　文 ·· 182

　　习　题 ·· 183

　　习题参考答案 ·· 188

第 23 章　塑性力学 ··· **198**

　　正　文 ·· 198

主要参考文献 ·· **214**

第1章 材料力学基本概念

正 文

1.1 杆件变形的四种形式

轴向拉伸（压缩）；扭转；剪切；弯曲.

1.2 对构件正常工作的要求

（1）刚度：抵抗变形的能力；

（2）强度：抵抗破坏的能力；

（3）稳定性：在荷载作用下，构件在其原有的平衡状态下保持稳定的平衡.

（这是材料力学要研究的基本任务，几乎所有计算类型的题目都围绕这三个方向展开. 如遇到设计材料尺寸的题目，一定要核对这三个方面是不是都考虑到了）

1.3 弹性变形和塑性变形

（1）弹性变形：当变形固体所受外力不超过某一范围时，若除去外力，则变形可以完全恢复；

（2）塑性变形：当外力过大，即使除去后，变形也不会完全恢复，其中不能恢复的变形称为塑性变形或残余变形.

1.4 圣维南原理

作用在弹性体表面上某一不大的局部面积上的力系，为作用在同一局部面积上的另一静力等效力系所代替，则载荷的这种重新分布，只在离载荷作用处很近的地方，才使应力的分布发生显著的变化，在离载荷较远处只有极小的影响.

1.5 应力集中

在截面突变处的局部范围内，应力值明显增大，应力集中系数为 $K_{t\sigma} = \frac{\sigma_{max}}{\sigma_{nom}}$. 一般来讲，杆件外形的骤变越是剧烈，应力集中的现象越是剧烈. 所以，打圆孔要比方孔好. 应力集中系数的取值范围通常在 $1.5 \sim 4$ 之间.

1.6 材料的力学性能（低碳钢）[1]

如图 1-1 所示：弹性阶段 → 屈服阶段 → 强化阶段 → 局部变形阶段（颈缩阶段）.

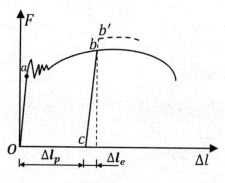

图 1-1 低碳钢拉伸 $F-\Delta L$ 图

阶段 I：弹性阶段，在卸荷后变形完全恢复. 分为两部分 $\begin{cases} 线弹性阶段\ \sigma = E\varepsilon \\ 非线弹性阶段\ \sigma \neq E\varepsilon. \end{cases}$

在该阶段会产生的构件破坏通常为杆件受压状态下的压杆失稳破坏，所以通常把比例极限 σ_p 对应的柔度 λ_p 作为大中柔度杆的界限.

阶段 II：屈服阶段，荷载波动很小但变形却增大很多，且出现塑性变形，即不可恢复的变形. 此时试样表面会出现大约与轴线成 45° 方向的条纹，即滑移线. 其出现的原因是材料沿试样最大切应力面发生滑移，可以用第三强度理论里单轴拉伸条件下低碳钢 45° 剪切破坏来理解. 这也解释了塑性材料要以**屈服强度**为许用应力，并在受拉时用第三强度理论去进行校核和理解，因为塑性材料在屈服阶段后会有较大的**塑性变形**，不符合材料力学里面对构件的三大基本要求之一的刚度要求.

阶段 III：强化阶段，此时主要为塑性变形，可以明显观察到整个试样横向尺寸的缩小. 在该阶段，如果发生卸荷，即为图中的 bc 段，最后仅剩塑性变形 ΔL_p，且 $bc//oa$. 如果再次施加荷载，大体上遵循着原来拉伸图的曲线关系，并且会出现冷作硬化和冷作时效两种现象.

（1）冷作硬化：在强化阶段先卸载再**立即加载**的条件下，其在线弹性范围的最大荷载有

[1] 孙训方、方孝淑、关来泰：《材料力学（I）》，高等教育出版社 2019 年版，第 27 页.

所提高且试样所能经受的塑性变形降低．即图中的 cb 段；

（2）冷作时效：在强化阶段先卸载**过一段时间再加载**的条件下，其在线弹性范围的最大荷载还能再提高一些．即图中的 cb' 段，比直接加载多出 bb' 段．

阶段Ⅳ：局部变形阶段（颈缩阶段），会发生颈缩（缩颈）现象，此时试样某一段内的横截面面积会显著收缩．

（此处的应力是名义应力，假设 $\sigma = \frac{F}{A}$ 中的面积 A 是个不变量）

如图 1-2 所示，各点所代表的物理含义为：

A：σ_p，比例极限；　　　　　B：σ_e，弹性极限；　　　　　C：上屈服强度；

D：σ_s，下屈服强度，即屈服强度；　　　　　G：σ_b，抗拉强度，又叫强度极限．

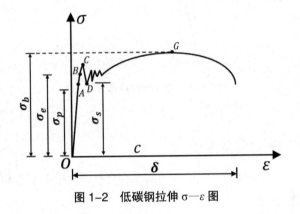

图 1-2 低碳钢拉伸 σ—ε 图

1.7 没有屈服阶段的塑性材料

对于没有屈服阶段的塑性材料，通常将对应于**塑性应变 $\varepsilon_p = 0.2\%$** 时的应力定为**规定非比例延伸强度**，并以 $\varepsilon_{p0.2}$ 表示．这是一个人为规定的极限应力，用来衡量材料强度的指标，且 CD// 线弹性部分．如图 1-3 所示：

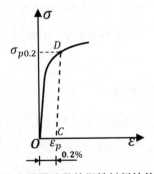

图 1-3 没有屈服阶段的塑性材料拉伸 σ—ε 图

1.8 脆性材料

脆性材料的定义：断后伸长率 $\delta < 2\% \sim 5\%$ 的材料．即脆性材料在很小的变形下就会有破坏，所以通常是没有塑性变形能力（屈服阶段、强化阶段和局部变形阶段）．并且由于其斜率（弹性模量）会随应力的大小而变化，于是在这里，取的是**总应变 0.1%** 时的割线来表示其弹性模量，称为**割线弹性模量**[1]．如图 1-4 所示：

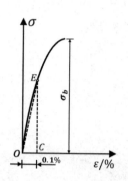

图 1-4 脆性材料拉伸 σ—ε 图

1.9 低碳钢拉压应力应变关系

在屈服阶段前，两曲线基本重合，两者的屈服强度和弹性模量基本相同．进入强化阶段后，其斜率变化，如图 1-5 所示：

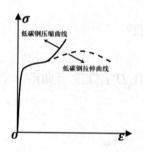

图 1-5 低碳钢拉伸（压缩）σ—ε 图

1.10 灰铸铁拉压应力应变关系

如图 1-6 所示，铸铁的抗压强度要远大于抗拉强度．所以铸铁单轴受拉是平面破坏，单轴受压由于内摩擦的原因，大致成 $50° \sim 55°$ 倾角斜截面发生错动破坏．

---

[1] 孙训方、方孝淑、关来泰：《材料力学（I）》，高等教育出版社 2019 年版，第 33 页．

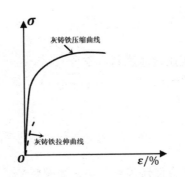

图 1-6　灰铸铁拉伸（压缩）σ—ε 图

1.11　材料的力学性能（许用应力）

1.11.1　塑性材料

（1）有屈服阶段：可直接得屈服极限（即下屈服点），即低碳钢的 σ_s；

（2）无屈服阶段：采用名义屈服极限，即对应于塑性应变 $\varepsilon_p = 0.2\%$ 时的应力规定为非比例延伸强度，用 $\sigma_{0.2p}$ 表示，等同于低碳钢的 σ_s。因为塑性材料应力在达到屈服强度后变形程度会增大，不符合材料力学里面对构件的刚度要求。

1.11.2　脆性材料

拉断时的应力即为强度极限，衡量脆性材料拉伸强度的唯一指标是材料的抗拉强度 σ_b。因为脆性材料应力在达到抗拉强度后会被破坏，不符合材料力学里面对构件的强度要求。

即材料的强度失效应力指标分别为 σ_s 和 σ_b。

1.12　塑性材料和脆性材料在力学性能方面的一些区别

如表 1-1 所示：

表 1-1　塑性材料和脆性材料的力学性能区别

	塑性材料	脆性材料
弹性模量	线弹性阶段 $E = \dfrac{\sigma}{\varepsilon}$	取总应变为 0.1% 时 σ—ε 的割线斜率来确定其弹性模量，称为割线弹性模量。（混凝土为 $0.4\sigma_b$ 的割线斜率）
断后伸长率 （定义两者的界限）	断后伸长率 δ 均较大	断后伸长率 $\delta < 2\% \sim 5\%$
变形阶段	变形阶段不确定， 但具有弹性阶段	四个阶段都没有 （拉伸和压缩均无屈服点）
压缩状态下	能受压也能受拉	能受压但不受拉

注：某一种材料是塑性的还是脆性的，可能会随材料所处的条件不同而不同。

1.13 塑性材料的力学特性

1.13.1 低碳钢弹性阶段拉压两曲线基本重合

（1）当拉（压）杆的应力不超过材料的比例极限时，弹性材料的基本参数不改变，泊松比为一常数；

（2）很多常用工程材料压缩时的弹性模量和拉伸时的几乎相同[1].

1.13.2 塑性材料压缩时也有屈服现象，但较为短暂

（1）在屈服阶段以前，拉压两曲线基本重合，两者的屈服强度和弹性模量基本相同；

（2）过了屈服阶段，继续压缩时，最后低碳钢被压成饼状也不断裂，因而低碳钢压缩时测不出强度极限.

1.14 什么是极限应力？什么是许用应力？轴向拉伸和压缩的强度条件是什么？利用这个强度条件可以解决哪三类强度问题？

1.14.1 极限应力

材料失效时达到的应力，即材料的强度失效应力.

1.14.2 许用应力

保证构件安全正常工作，材料允许承受的最大应力. 塑性材料为屈服应力 σ_s，脆性材料为强度极限 σ_b.

1.14.3 轴向拉伸和压缩的强度条件

为保证构件安全可靠地工作，构件内实际工作应力的最大值不超过构件材料的许用应力，表达式为 $\sigma_{max} = \dfrac{F_N}{A} \le [\sigma]$.

1.14.4 轴向拉伸和压缩的三类强度问题

强度计算（不发生强度破坏计算），根据 $\sigma = \dfrac{F}{A}$，通常从三个方面进行校核：

（1）强度校核 $\sigma_{max} \le [\sigma] = \dfrac{\sigma_u}{n}$；

（2）截面选择 $A \ge \dfrac{F_{max}}{[\sigma]}$；

（3）许可荷载计算：由危险点处应力的强度条件来进行杆件强度计算的方法. $F_{max} \le A[\sigma]$.

---

[1]　[美] 纳什：《材料力学（全美经典学习指导系列）》，赵志岗译，科学出版社 2002 年版，第 3 页.

1.15　解释公式 $\frac{F_{N, max}}{A} \leq [\sigma]$

可以引申到欲求公式中的某一个参数时（参考习题 1-1 中求 h 的变化规律），思考其对应的公式，例如 $\frac{M}{W} = \sigma \leq [\sigma]$，其中 $W = \frac{bh^2}{6}$，联立公式即得其关系式．

1.16　塑性材料：抗压能力 > 抗拉能力 > 抗剪能力

脆性材料：抗压能力 > 抗剪能力 > 抗拉能力．

1.17　需要自查的知识概念点

蠕变、松弛、装配应力、真应力、真应变、纵横弯曲、疲劳破坏、弹性力学三大原理（圣维南原理、解的唯一性原理和叠加原理）等相关内容．

习　题

习题 1–1：

如图 1-7 所示，变高度等强度矩形截面简支梁横截面宽度为 b（设为常数），高度 h 为梁跨度函数 $h = h(x)$，直梁上表面受分布载荷 $q = q(x)$ 作用．若材料弹性模量 E、材料的许用正应力 $[\sigma]$ 和许用剪切应力 $[\tau]$ 皆为已知．

试求：

（1）梁的内力图；

（2）截面高度 h 沿梁轴线的变化规律．

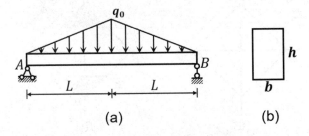

(a)　　　　(b)

图 1–7　变高度矩形截面简支梁

习题 1–2：

如图 1-8 所示，一直角三角形形心为 O，求其对称坐标系，$y_1 O_1 z_1$ 和 $y_2 O_2 z_2$ 的惯性矩和惯性积 I_{y1}、I_{z1}、$I_{y1}I_{z1}$ 和 I_{y2}、I_{z2}、$I_{y2}I_{z2}$.

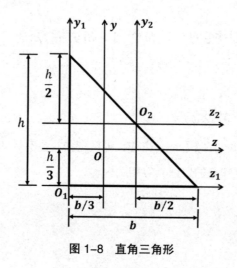

图 1–8　直角三角形

习题 1–3：

已知抗弯截面系数 $W_z = \dfrac{I_z}{|y|_{max}}$，$I_z$ 为惯性矩，如图 1-9 所示截面的边长为 a.

问：

（1）如图 1-9-(a) 所示，求该矩形截面 ABCD 的抗弯截面系数 W_z；

（2）如图 1-9-(b) 所示，挖去该截面的上下两个端角之后，矩形截面变成六边形截面 BEFCF′E′，从而可以提高截面抗弯截面系数，求提高到最大程度时 k 的值，并计算提高了多少？

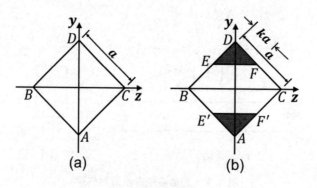

图 1–9　横截面

习题参考答案

习题 1–1

解：

（1）$F_A = F_B = \frac{q_0 L}{2}$

根据对称受力，可以先分析一半结构的内力情况

$$q(x) = \frac{q_0 x}{L}(0 \leq x \leq L)$$

则剪力为 $Q(x) = \frac{q_0 L}{2} - \frac{1}{2L}q_0 x^2$，$(0 \leq x \leq L)$.

弯矩为 $M(x) = \frac{q_0 Lx}{2} - \frac{1}{6L}q_0 x^3$，$(0 \leq x \leq L)$.

则梁的内力图，不难得出，如图 1-10 所示：

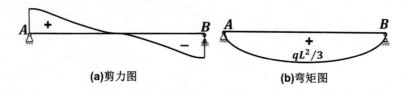

(a)剪力图　　　　**(b)弯矩图**

图 1–10　剪力图和弯矩图

（2）

a. 按照剪力强度设计支座附近的最小高度 h_{min}

$\frac{3F_A}{2bh_{min}} = [\tau]$，$h_{min} = \frac{3q_0 L}{4b[\tau]}$

b. 按照正应力强度设计高度

$\frac{M(x)}{W(x)} = [\sigma]$，其中 $W(x) = \frac{bh^2(x)}{6}$，

则 $h(x) = \sqrt{\frac{6M(x)}{b[\sigma]}}$.

则 $h(x)_{min} = max\left\{\frac{3q_0 L}{4b[\tau]}, \sqrt{\frac{6M(x)}{b[\sigma]}}\right\}$.

但是由方程 $h(x)$ 知，当 $x = 0$，$h(x) = 0$ 显然不能满足，故应在端点附近用 $[\tau]$ 检验强度.

思路： 等强度梁，即变截面梁的各横截面上的最大应力等于许用应力.

习题 1–2

解:

三角形斜边的直线方程（此处的 y、z 指的是斜边上的坐标）

$$y = h\left(1 - \frac{z}{b}\right), \quad z = b\left(1 - \frac{y}{h}\right)$$

则

$$I_{y_1} = \int z^2\, dA = \int_0^b hz^2\left(1 - \frac{z}{b}\right) dz = \frac{hb^3}{12}$$

$$I_{z_1} = \int y^2\, dA = \int_0^h by^2\left(1 - \frac{y}{h}\right) dy = \frac{bh^3}{12}$$

$$I_{y_1z_1} = \int yz\, dA = \int_0^h dy \int_0^{b\left(1-\frac{y}{h}\right)} yz\, dz = \int_0^h \frac{b^2}{2} y\left(1 - \frac{y}{h}\right)^2 dy = \frac{b^2h^2}{24}$$

同时因为

$$① \begin{cases} I_{y_1} = I_y + \left(\frac{b}{3}\right)^2 A \\ I_{z_1} = I_z + \left(\frac{h}{3}\right)^2 A \\ I_{y_1z_1} = I_{yz} + \frac{b}{3} \times \frac{h}{3} A \end{cases} \quad \text{以及②} \quad \begin{cases} I_{y_2} = I_y + \left(\frac{-b}{6}\right)^2 A \\ I_{z_2} = I_z + \left(\frac{-h}{6}\right)^2 A \\ I_{y_2z_2} = I_{yz} + \frac{b}{6} \times \frac{h}{6} A \end{cases}$$

则联立可得

$$\begin{cases} I_{y_2} = \dfrac{hb^3}{24} \\ I_{z_2} = \dfrac{bh^3}{24} \\ I_{y_2z_2} = 0 \end{cases}$$

思路: 截面的几何性质. 以任意直角三角形 ABD 斜边上的中点 O 点做 YZ 坐标系,y、z 分别平行两个直角边,那么其惯性积 $I_{y_2z_2} = 0$.

习题 1–3

解:

（1）根据公式 $I_z = \int y^2 dA$ 可得

$$I_Z = \int y^2\, dA = 4\int_0^{\sqrt{2}a/2} y^2\left(\frac{\sqrt{2}}{2}a - y\right) dy = 4\left(\frac{\sqrt{2}}{2}a * \frac{y^3}{3} - \frac{y^4}{4}\right)\Bigg|_0^{\sqrt{2}a/2} = \frac{a^4}{12}$$

则该截面的抗弯截面系数为

$$W_{z0} = \frac{I_z}{|y|_{max}} = \frac{a^4/12}{\sqrt{2}a/2} = \frac{\sqrt{2}a^3}{12}$$

（2）如图 1-11 所示：

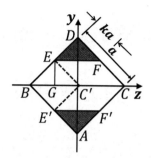

图 1-11　六边形横截面

$$BE = (1-k)a, EF = \sqrt{2}ka$$
$$EG = BE\cos 45° = \frac{(1-k)a}{\sqrt{2}}$$

此时图形可重新组合为两个矩形，分别为矩形 BEC′E′ 和矩形 EFF′E′，并且由于其均关于 z 轴对称，所以整体六边形横截面 BEFCF′E′ 的惯性矩可为

$$I_z = \frac{(1-k)^4 a^4}{12} + 2\left[\frac{1}{3}(\sqrt{2}ka) * \left((1-k)a\Big/\sqrt{2}\right)^3\right] = \frac{a^4}{12}(1-k)^3(1+3k)$$

$$w_z = \frac{I_z}{y_{max}} = \frac{\sqrt{2}}{12}a^3(1-k)^2(1+3k)$$

令 $\frac{dw_z}{dk} = 0$，即

$$\frac{dw_z}{dk} = \frac{\sqrt{2}}{12}a^3[3(1-k)^2 - 2(1-k)(1+3k)] = 0$$

得

$$k = 1 （与实际情况不符，舍去）$$

$$1 - 9k = 0,\ 即\ k = \frac{1}{9}$$

所以可得，当切去后，W_z

$$W_{切去后} = \frac{\sqrt{2}}{12}a^3\left(1-\frac{1}{9}\right)^2\left(1+\frac{3}{9}\right) = \frac{64\sqrt{2}}{729}a^3$$

由（1）可知，$W_{z0} = \frac{\sqrt{2}}{12}a^3$，

所以抗弯截面系数增加了

$$\frac{W_{切去后} - W_{z0}}{W_{z0}} = \frac{\sqrt{2}a^3\left(\frac{64}{729} - \frac{1}{12}\right)}{\frac{\sqrt{2}}{12}a^3} = 5.35\%$$

思路：计算截面惯性矩的方法不唯一．材料力学中遇到求最值的问题，首先想到求极值，即求导．此外，该题考试时是没有要求携带计算器的，所以还需要提高自身计算能力．

第2章 材料力学中的一些假设

正 文

假设的基本原理：虽然结果会失真，不能和真实情况完全符合．但是抓住主要矛盾，忽略次要矛盾，化繁为简，可以做到最大程度地保真．

2.1 对固体材料的三个基本假设

（1）连续性假设：认为物体在整个体积内连续地充满物质；

（2）均匀性假设：假设物体内各处的力学性质均相同；

（3）各向同性假设：认为材料沿各个方向的力学性质是相同的．

2.2 小变形假设——对材料变形的假设

2.2.1 小变形
变形固体受外力作用后将产生变形，如果变形的大小较物体原始尺寸要小得多，则可以忽略不计．

2.2.2 具体表现为两方面
（1）在列平衡方程求力时，可忽略变形，仍用变形前的尺寸和形状 —— 原始尺寸原理；

（2）在变形分析时，几何分析以直线代替曲线 $\tan\theta \approx \sin\theta \approx \theta$，其中 $\theta \to 0$.

2.3 平面假设（作用：使材料横截面变形有一个规律性的认识）

2.3.1 拉压
设想横向线代表杆的横截面，于是可假设原为平面的横截面在杆变形后仍然为平面．

2.3.2　扭转（等直圆截面）

假设**圆横截面**如同刚性平面般绕杆的轴线转动,相邻两截面的间距不变(又为刚平面假设).

2.3.3　纯弯曲

梁在受力而发生弯曲后,其原来的横截面保持为平面,并绕垂直于纵对称面的某一轴（中性轴）旋转,仍垂直于梁变形后的轴线.

在提到平面假设的具体内容时,建议将上面三种情况下的平面假设都写上.此外,平面假设适用于线弹性阶段和塑性阶段,但胡克定律仅适用于线弹性阶段,是线弹性阶段的本构方程.所以,包括了几何方面（平面假设）、物理方面（本构方程）及静力学方面的推导公式仅适用于材料受力变形的线弹性阶段.

2.4　不同形状的梁横截面其切应力（由剪力引起的）

其分布方面的假设.

2.4.1　矩形截面

（1）横截面上各点处的切应力应与侧边保持平行;

（2）横截面上距中性轴等距离各点处的切应力大小相等（而不是螺旋分布）.

如图 2-1 所示:

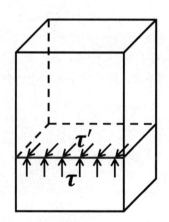

图 2-1　矩形横截面切应力分布图

2.4.2　圆（或类圆）截面

（1）沿距中性轴为 y 的宽度 kk' 上各点处的切应力均汇交于 O' 点;

（2）沿宽度各点处切应力沿 y 方向的分量相等

$$\tau = \frac{F_Q S^*}{I_z b}$$

如图 2-2 所示:

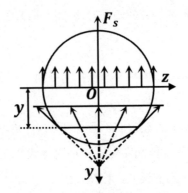

图 2-2　圆形横截面切应力分布图

2.4.3　薄壁环形截面梁

（1）横截面上切应力的大小沿壁厚无变化；

（2）切应力的方向与圆周相切.

2.5　在平面应变状态分析中，采用了哪些假设?

在原点（O 点）处沿任意方向微段内，应变是均匀的；变形在线弹性范围内都是微小的，此时的叠加原理成立.

2.6　平面应力状态

单元体有一对平面上的应力等于零，即不等于零的应力分量均处于同一坐标平面内.

第 3 章　一些常考简答

正　文

3.1　内力

由外力作用所引起的，物体内相邻部分之间分布内力系的合成.

3.2　应力

总应力 $p = \lim\limits_{\Delta A \to 0} \frac{F_{\Delta A}}{\Delta A}$，为一点处的总应力（应力属于内力，是分布内力在一点处的集度），可将物体内部一点的某一面上总应力分解

$$
\begin{cases}
\text{与截面垂直的法向分量 } \sigma\text{：正应力} \\
\text{与截面相切的切向分量 } \tau\text{：切应力}
\end{cases}
$$

3.3　应力状态

（1）一点处的应力；

（2）不同方向截面的应力.

3.4　超静定结构

指具有多余约束的几何不变体系，又称静不定结构.多余约束是指在静定结构上附加的约束.每个多余约束都带来一个多余未知广义力，使广义力的总数超过了所能列出的独立平衡方程的总数，超出的数目称为结构的静不定度或静不定次数.

在解答超静定结构方面的问题时，考虑静力平衡条件和变形协调即可.

3.5　拉伸刚度

EA（$\Delta L = \frac{FL}{EA}$），其中 E：杨氏模量，其值表征材料抵抗弹性变形的能力.

3.6　扭转刚度

$GI_p\left(\dfrac{d\varphi}{dx} = \dfrac{T}{GI_p}\right)$，其中 G：材料的切变模量．

3.7　弹簧的刚度系数[1]

$$K = \frac{Gd^4}{64R^3 n}$$

3.8　弯曲刚度

$$EI\left(\frac{1}{\rho} = \frac{M}{EI}\right)$$

3.9　相对扭转角

两截面之间相对转动的角位移．$\dfrac{d\varphi}{dx}$ 表示沿杆长度的变化率，对于给定的横截面是个常量．$\dfrac{d\varphi}{dx} = \dfrac{T}{GI_p}$，单位为 rad/m，其值能够用来表征扭转变形时的刚度条件，在刚度校核时常用的单位为 $(°)/m$．

3.10　切应变

直角的改变量．如果非直角的话，需要转换，即 $\Delta = \dfrac{\Delta\varphi}{\varphi} \times \dfrac{\pi}{2}$．

3.11　矩形截面外角点无切应力

矩形横截面周边上各点处的切应力方向必与周边相切，并且在杆表面上没有切应力，为自由表面．对于横截面的外角点处，可假设其存在**指向周边**的切应力分量，由切应力互等定理可知，此时纵平面上需要存在与之平衡的切应力，但这与杆表面为自由表面相违背，杆表面无外力作用来产生切应力平衡，所以矩形横截面外角点无切应力．

3.12　对称弯曲

梁变形的轴线必定是该纵对称面内的平面曲线．

非对称弯曲：梁不具有纵对称面，或者梁虽具有纵对称面，但是横向力或者力偶不作用在纵对称面内．

此时可能会产生弯矩和扭转两种变形，但（1）平截面假设依然成立，（2）纯弯曲依然只有单轴应力．

---

[1]　孙训方、方孝淑、关来泰：《材料力学（I）》，高等教育出版社 2019 年版，第 78 页．

3.13 平面弯曲

纯弯曲 $M = C$, $F_Q = 0$; 横力弯曲 $F_Q \neq 0$.

3.14 中性层

由于变形的连续性, 根据零点定理, 纵平面中间必有一层纵向线 $\overset{\frown}{O_1 O_2}$ 无长度改变, 由这样的线段组成的平面称为中性层.

3.15 中性轴

中性层与横截面的交线.

3.16 截面核心

当外力作用点位于截面形心附近的一个区域 (该区域在截面核心内部) 时, 就可以保证中性轴不与横截面相交, 这个区域称为截面核心. 当外力作用在截面核心的边界上时, 则相对应的中性轴正好与截面的周边相切. 在混凝土结构力学中常常用来保证截面上仅有压力而无拉力.

3.17 构件发生失稳破坏的特征

（1）并不是所有构件都存在失稳问题, 构件只是在特定的受力状态下才会失稳;

（2）构件往往在弹性范围内 (即在比例极限范围内的低应力水平情况下) 产生失稳;

（3）构件失稳常在瞬间发生, 很多情况下构件立即发生破坏.

第 4 章　拉压

正　文

4.1　应力

属于内力，是分布内力在一点处的集度.

4.2　单位

$$1pa = 1N/m^2, \ 1Mpa = 1 \times 10^6 N/m^2 = 1N/mm^2, \ 1Gpa = 1 \times 10^9 N/m^2$$

4.3　公式推导

$$\Delta L \propto \frac{FL}{A} \xrightarrow{\text{引入} E} \Delta L = \frac{FL}{EA} \Rightarrow \Delta L = \frac{F_N L}{EA} \Rightarrow \frac{\Delta L}{L} = \frac{F_N}{EA} \Rightarrow \varepsilon = \frac{\sigma}{E}$$

$\Delta L = \dfrac{FL}{EA}$，同样是根据三大方程推导得到的.

4.4　斜截面上的正应力和切应力

如图 4-1 所示，其中斜截面的面积为 $A_0 = \frac{A}{cos\theta}$ ，则

$$\sigma_0 = \frac{F_N}{A_0} = \frac{F_R \cos^2 \theta}{A} = \sigma \cos^2 \theta$$

$$\tau_0 = \frac{F_Q}{A_0} = \frac{F_R \cos \theta \sin \theta}{A} = \sigma \cos \theta \sin \theta$$

图 4-1　平面斜截面内力分布图

4.5　空间斜截面上的正应力和切应力[1]

空间主应力状态，如图 4-2 所示：

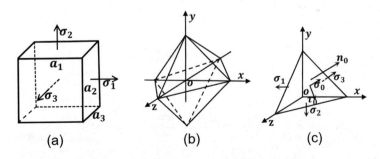

(a)　　　　　　　　(b)　　　　　　　　(c)

图 4-2　空间斜截面上的正应力和切应力分布图

试求分别于 x、y、z 轴成等角度的斜截面上的正应力和切应力.

n_0 所代表的直线被称为 L 直线 - 静水轴（hydrostatic axis），其上的应力路径为 $\sigma_1 = \sigma_2 = \sigma_3$；与其垂直且经过原点的平面被称为 π 平面，其上的应力路径为 $\sigma_1 + \sigma_2 + \sigma_3 = 0$，即为偏应力平面.

$$\sigma_0 = \frac{1}{3}(\sigma_1 + \sigma_2 + \sigma_3)$$

$$\tau_0 = \frac{1}{3}\sqrt{(\sigma_1 - \sigma_2)^2 + (\sigma_2 - \sigma_3)^2 + (\sigma_3 - \sigma_1)^2}$$

【例题 i】

在只考虑自重的情况下，求 A 点的位移.

如图 4-3 所示：

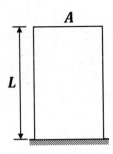

图 4-3　具有一定自重的长立方体

---

[1]　耶格、库克：《岩石力学基础》，中国科学院工程力学研究所译，科学出版社 1981 年版，第 22 页.

解：

如图 4-4 所示，可按照微元法求解：

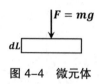

图 4-4　微元体

其中 $F = mg = \rho Axg$，则

$$\Delta L = \int \Delta_{\Delta L} = \frac{\int F\, dL}{EA} = \frac{\int_0^L \rho Axg\, dx}{EA} = \frac{\rho Ag \frac{L^2}{2}}{EA} = \frac{mgL}{2EA} = \frac{GL}{2EA}$$

所以在要求考虑自重的情况下，求解位移，可以直接将自重转化为 1/2 自重施加在顶部．请注意，此时积蓄的应变能只为端部集中力状态下的 1/3 倍应变能[1]．

习　题

习题 4–1：

如图 4-5 所示，变截面圆柱梁，底部固定，忽略梁自重．下端横截面面积为 A_1，上端横截面面积为 A_2，弹性模量和泊松比分别为 E 和 μ，并且承受集度为 $f(x)$ 的分布荷载作用，试写出轴向位移微分方程和边界条件．

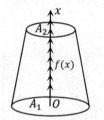

图 4-5　变截面圆柱梁

习题 4–2：

如图 4-6 所示，根据桥梁和阳台的受力特点，结合混凝土和钢筋的力学特性，分析哪种配筋方式适合建造桥梁？哪种配筋方式适合建造阳台？

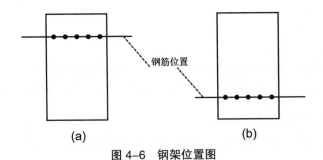

(a)   (b)

图 4-6 钢架位置图

习题参考答案

习题 4-1

解：

取任意截面微段 dx，设杆总长为 L，底面横截面积半径为 d_1，上端横截面半径为 d_2，则

$$d_1 = \sqrt{\frac{A_1}{\pi}}, \ d_2 = \sqrt{\frac{A_2}{\pi}}$$

任意 x 截面的半径为 $d(x) = d_1 + \frac{d_2 - d_1}{L} x$.

任意 x 截面的应力为 $\sigma(x) = \frac{F_N(x)}{A(x)} = \frac{\int_x^L f(x)\,dx}{\pi\left(d_1 + \frac{d_2 - d_1}{L}x\right)^2}$.

对于 dx 段可以看作等截面，由胡克定律可知 dx 段轴向位移为

$$d(\Delta L) = \varepsilon(x)dx = \frac{\sigma(x)}{E}dx$$

$$d(\Delta L) = \frac{F_N(x)\,dx}{EA(x)} = \frac{\int_x^L f(x)\,dx * dx}{\pi E\left(d_1 + \frac{d_2 - d_1}{L}x\right)^2}$$

故轴向位移微分方程

$$\Delta x = \int_0^x d(\Delta L) = \int_0^x \frac{\int_x^L f(x)\,dx}{\pi E\left(d_1 + \frac{d_2 - d_1}{L}x\right)^2}dx$$

（将 A_1、A_2 代入上式即可，此处略写）

边界方程：当 $x = 0$ 时，轴向位移为 0. 当 $x = L$ 时，表面力为 0.

习题 4–2

解：

混凝土为脆性材料，受压不受拉，抗压能力好，但是抗拉能力差.

钢筋为弹塑性材料，抗拉能力强，具有良好的抗拉性能和变形性能，但是因为其细长的形态，柔度较大，所以没办法承受压力.

如图 4-6-(a) 所示的钢筋位置分布在结构上侧，即理想情况为上部受拉，下部受压. 而阳台，可以看为是悬臂梁，其受力特点为上部受拉，下部受压，所以根据受力特点，图 4-6-(a) 的配筋方式适合建造阳台.

如图 4-6-(b) 所示的钢筋位置分布在结构下侧，即理想情况为上部受压，下部受拉. 而桥梁，可以看为是两端铰支，其受力特点为上部受压，下部受拉，呈拱形，所以根据受力特点，图 4-6-(b) 的配筋方式适合建造桥梁.

第5章 扭转公式推导

正 文

5.1 扭转公式推导过程中用到的假设

如图 5-1 所示：

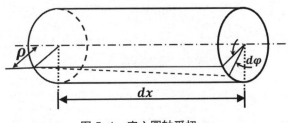

图 5-1 实心圆轴受扭

5.1.1 平面假设（几何方面）

假设横截面如同刚性平面般绕杆轴线转动.

5.1.2 小变形假设

在变形微小的情况下，圆周线的间距未变化，而纵向线倾斜了一个角度 γ，且在数学计算上，可用近似方程 $\gamma_\rho \approx \tan\gamma_\rho$.

这两个假设的作用：设某一点到横截面圆心的距离为 ρ，其几何关系为

$$\gamma_\rho \approx \tan\gamma_\rho = \frac{\rho d\varphi}{dx}$$

5.1.3 连续性假设

此假设认为物体在其整个体积内连续地充满了物质而毫无空隙.

作用：根据这一假设，可在受扭构件内任意一点处截取一体积单元来进行研究.且变形后的固体既不引起"空隙"，也不产生"挤入"现象.

所以式中 $\frac{d\varphi}{dx}$ 表示相对扭转角 φ 沿杆长度的变化率，对于给定的横截面是个常量.

5.1.4 均匀性假设

此假设认为从物体内任意一点处取出的体积单元,其力学性能都能代表整个物体的力学性能.

作用:对于线弹性材料的各点都可适用剪切胡克定律

$$\tau = G\gamma$$

所以可以写出横截面上的静力平衡方程

$$\int_A \rho\tau_\rho dA = T$$

5.1.5 各向同性假设

此假设认为材料沿各个方向的力学性能是相同的.

作用:对于各个方向上的剪切模量都相同,即

$$G_{12} = G_{23} = G_{31}$$

遇到推导扭转公式中假设的作用时,可以先将各个假设解释一遍,然后写下物理公式及其含义.

5.2 讨论

非圆截面自由扭转和约束扭转相互之间的特点.

5.2.1 自由扭转

非圆截面构件自由扭转时,原来为平面的横截面不再保持为平面,产生**翘曲变形**,即构件在扭矩作用下,其截面上的各点沿杆轴方向产生位移.如果扭转时轴向位移不受任何约束,截面可自由翘曲变形,则称为自由扭转.自由扭转时,各截面的翘曲变形相同,纵向纤维保持直线且长度保持不变,截面上只有剪应力,没有纵向正应力.

5.2.2 约束扭转

由于支承条件或外力作用方式,构件扭转时非圆截面的翘曲受到约束,因此称为约束扭转.约束扭转时,构件产生弯曲变形,截面上将产生**纵向正应力**,称翘曲正应力,同时产生与翘曲正应力保持平衡的翘曲剪应力.

5.3 自由表面的非圆截面杆在受扭转时,截面周边上各点的剪应力方向为什么必与周边相切?

如果有垂直于边的剪应力,根据切应力互等定理,杆表面需要有外力作用来切应力平衡.但此时杆件的自由表面无外力作用来切应力平衡,所以矩形横截面外角点无切应力.

5.4　圆轴受扭后出现水平破口，试分析是脆性材料还是塑性材料？

（1）圆轴受扭，其圆截面上只存在切应力；

（2）根据切应力互等定理可得，水平破口所在过圆轴轴线的平面上也只有切应力；

（3）综上可知其破坏是由剪切造成的，比较抗剪能力可知为塑性材料.

（需要与脆性材料的受扭破坏区分开来，具体见习题 5-1、5-2）

5.5　扭转刚度（具体见习题 5-3）

扭转刚度（当 $T_1 = T_2$，可用该条件判断刚度条件）GI_p.

刚度条件（当 $T_1 \neq T_2$）φ'_{max}，$\varphi'_{max} \leq [\varphi']$，常用单位是 (°)/m.

所以，其刚度条件校核公式为

$$\frac{T_{max}}{GI_p} \times \frac{180°}{\pi} \leq [\varphi']$$

5.6　闭口薄壁和开口薄壁

闭口薄壁

$$\tau = \frac{T}{2A_0\delta}, \qquad \tau_{max} = \frac{T}{2A_0\delta_{min}}, \qquad \frac{d\varphi}{dx} = \frac{Ts}{4GA_0^2\delta}$$

且横截面沿其周边任一点处的切应力 τ 与该点处的壁厚 δ 之乘积为一常数[1]，即

$$\tau\delta = 常数$$

该公式仅适用于壁厚无明显突变的情况. 对于这一现象的解释：在突变界面处需要满足上下纵平面的力平衡，所以经过该界面的横截面应力无法保持为一个常量. 对于壁厚有明显突变的解答，具体见习题 5-5.

开口薄壁

$$I_p = \sum \frac{1}{3} h_i \delta_i^3, \quad \tau_{max} = \frac{T\delta_{max}}{\sum \frac{1}{3} h_i \delta_i^3}, \quad \frac{d\varphi}{dx} = \frac{T}{G \sum \frac{1}{3} h_i \delta_i^3}$$

5.7　空心圆筒和实心圆筒

在同面积（同质量和材料）的情况下，

因为

$$I_{p空心} > I_{p实心}, \quad I_{p空心} > I_{p实心}$$

---

[1]　孙训方、力学淑、关来泰：《材料力学（1）》，高等教育出版社 2019 年版，第 85 页.

则根据 $\tau = \dfrac{T}{W_p}$，在 τ_{max} 相同的情况下，$T_{空} > T_{实}$，所以空心圆筒强度大．

同样的根据 $\dfrac{d\varphi}{dx} = \dfrac{T}{GI_p}$，则在 $(\dfrac{d\varphi}{dx})_{max}$ 相同的情况下，$T_{空} > T_{实}$，所以空心圆筒刚度大．

习　题

习题 5–1：

画出低碳钢和铸铁受扭破坏后的截面形状，并说明其破坏原因，应采取哪种强度理论．

习题 5–2：

由低碳钢、铸铁两种材料制成的圆截面杆件在受到扭转作用时如何发生破坏？画出破坏简图并作出相应解释．

习题 5–3：

如图 5-2 所示，ABC 为变截面实心圆杆，AB 段长 L，直径为 d_1，BC 段长 L，直径长 d_2，其中 $d_1 > d_2$；如图 5-3 所示，DE 为空心圆截面杆，ad 为壁厚，其中 $0.3 < a < 0.5$，a 为圆杆外径，均受到 T 的扭矩．实心圆杆和空心圆杆均由相同的剪切模量 G 的材料构成．

（1）若使 ABC 的扭转刚度和 DE 杆相同，则 d、d_1、d_2 之间有什么关系？

（2）若使 ABC 的变形能和 DE 杆相同，则 d、d_1、d_2 之间有什么关系？

（3）若 ABC 杆是由铸铁材料制成，其强度大小为 $[\sigma]$，为了满足其强度条件，ABC 杆件的直径需要满足什么条件？

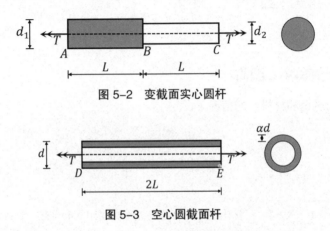

图 5-2　变截面实心圆杆

图 5-3　空心圆截面杆

习题 5-4：

如图 5-4 所示，空心圆截面构件和实心圆截面构件紧密嵌合，施加扭矩，未出现相对滑动，试画出其切应力的简图．

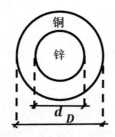

图 5-4　组合圆柱横截面

习题 5-5：

一长度为 L，平均半径为 r 的薄壁圆管，其横截面的上半圆周薄壁厚为 δ_1，上半圆周薄壁厚为 δ_2．在两端承受扭转外力偶矩 M_e 作用，如图 5-5 所示．材料的切变模量为 G．试求横截面上的最大切应力和圆管的最大相对扭转角．（提示：不考虑壁厚变化处应力集中的影响）

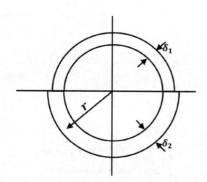

图 5-5　变壁厚薄壁圆管

习题 5-6：

如图 5-6 所示，A、B 两种材料制成一圆截面杆，外壳部分 A 与核心部分 B 有可靠的黏结，复合材料杆的左端固定，右端承受一扭矩 T 的作用，其剪切模量关系为 $G_A = 2G_B$，抗扭截面极惯性矩满足 $I_{pA} = \frac{1}{2} I_{pB}$．试画出截面 a-a 处的扭转角、剪应变及剪应力分布图．

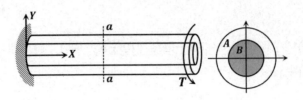

图 5-6　圆截面杆

习题 5-7：

如图 5-7 所示，圆锥形变截面杆 AB 全长为 20m，两端直径分别为 1m 和 2m. 圆锥形杆的两端固定，中部 C 截面上作用着扭矩 $T = 1MN*m$，材料的剪切弹性模量为 $G = 1GPa$，试求其端部约束扭矩及 C 截面处的扭转角.

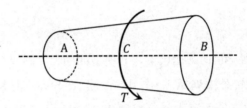

图 5-7　圆锥形变截面杆

习题 5-8：

如图 5-8 所示，一长为 L 的变截面圆柱体，固定端直径为 $2d$，自由端直径为 d，材料的剪切模量为 G，受均布扭矩 M 作用，求自由端的转角.

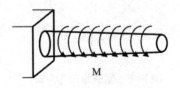

图 5-8　变截面圆柱体

习题 5-9：

如图 5-9 所示，两端固定的实心圆杆，AC 段直径为 $2d$，CB 段直径为 d，C 截面处作用有外力矩 T_C. 试求，固定端 A、B 的支反力矩及 C 截面的扭转角.

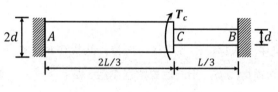

图 5-9　变截面实心圆杆

习题 5-10：

如图 5-10 所示，AC、BC 长度为 a、b，扭转惯性矩分别为 I_{pa}、I_{pb}，剪切模量为 G，连接处加扭矩 T_0.

（1）求 A、B 端扭矩 T_a、T_b；

（2）已知许用切应力为 $[\tau]$，给出结构允许的最大扭矩 T_0；

（3）若使 AB 各处最大剪应力相等，求 AC、BC 段直径需要满足的条件.

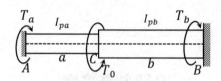

图 5-10　变截面实心圆杆

习题 5-11：

如图 5-11 所示，在厚度 δ 与面积 A 不变的情况下，令 $\beta = \dfrac{a}{b}$ 可以改变.

求解：

（1）证明 $\tau_{闭\,max}$ 和 $\dfrac{(1+\beta)^2}{\beta}$ 成正比；

（2）将闭口改为开口，β 是否影响切应力数值？

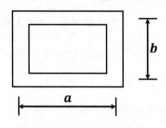

图 5-11　闭口薄壁截面

习题 5-12：

如图 5-12 所示的变厚度闭口薄壁等直杆，两自由端受扭矩 T 的作用，杆长为 L，壁厚中线围成的面积为 A，剪切模量为 G，不同位置的壁厚用 t 表示.

（1）试推导切应力和扭转角公式；

（2）假设直杆横截面为圆型，且中线半径为 ρ，壁厚 $t = \dfrac{t_0}{2-\sin(a/2)}$，求切应力和扭转角表达式.

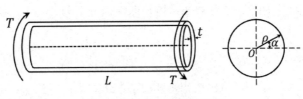

图 5-12　闭口薄壁变截面

习题参考答案

习题 5-1

解：

如图 5-13 所示，低碳钢和铸铁受扭破坏.

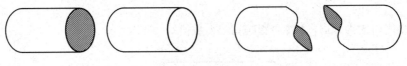

图 5-13　（左）低碳钢、（右）铸铁

低碳钢为塑性材料，受剪能力较差，易受剪切破坏，所以根据第三强度理论，其受扭发生平截面破坏是由横截面上的切应力造成的.

铸铁为脆性材料，受拉能力较差，易受拉破坏，根据第一强度理论，其受扭发生斜截面破坏是由斜截面上的拉应力造成的.

习题 5-2

解：

如图 5-14 所示，低碳钢受扭破坏后截面为平面，破坏原因是低碳钢受切应力作用而破坏．

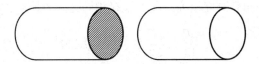

图 5-14　低碳钢受扭破坏

如图 5-15 所示，铸铁是沿着 45° 方向破坏，这是由斜截面上的拉应力引起的，表明了铸铁的抗拉能力很差．

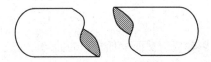

图 5-15　铸铁受扭破坏

习题 5-3

解：

（1）由题可知，两结构均受纯扭作用，且大小相同，都为 T．

ABC 的扭转刚度和 DE 杆相同，即指两根圆杆的**单位扭转角**相同．

根据

$$\gamma_\rho \approx tan\gamma_\rho = \frac{\rho d\varphi}{dx}$$

即

$$\gamma_\rho = \frac{\rho d\varphi}{dx}$$

又由剪切胡克定律可知，在线弹性范围内，切应力与切应变成正比，即

$$\tau = G\gamma$$

即得横截面上切应力变化规律的表达式

$$\tau_\rho = G\gamma_\rho = G\rho\frac{d\varphi}{dx}$$

因为结构整体为平衡状态，并且截面为材料不变的圆截面，所以根据静力学中的合力矩原理可得

$$\int \rho\tau_\rho \, dA = G\frac{d\varphi}{dx}\int \rho^2 \, dA = T$$

即

$$\varphi' = \frac{d\varphi}{dx} = \frac{T}{G \int \rho^2 \, dA}$$

其中，令 $\int \rho^2 dA = I_p$，称为极惯性矩；并且由题可知，$d_1 > d_2$，则 $\varphi'_{BC} > \varphi'_{AB}$，所以若令其两结构的扭转刚度相等，当 T 与 G 相同时，即是指 $\varphi'_{BC} = \varphi'_{DE}$，

$$\frac{\pi d_2^4}{32} = \frac{\pi d^4}{32}[1 - (1 - 2\alpha)^4]$$

即

$$d_1 > d_2 = d\sqrt[4]{1 - (1 - 2\alpha)^4}$$

（2）若使 ABC 的变形能和 DE 杆相同，并且两结构均处于纯剪切条件下，则其应变能 v_ε 的表达式为

$$v_\varepsilon = \int_0^{\gamma_1} \tau \, d\gamma = \frac{1}{2} G\gamma_1^2 = \frac{\tau_1^2}{2G}$$

由扭转切应力公式，可得圆轴任一截面上任一点处的切应力为

$$\tau = \frac{T\rho}{I_p}$$

由剪切胡克定律，得该点处相应的切应力为

$$\gamma = \frac{\tau}{G} = \frac{T\rho}{GI_p}$$

于是

$$v_\varepsilon = \int_0^{\gamma_1} \tau \, d\gamma = \frac{1}{2} G\gamma_1^2 = \frac{\tau_1^2}{2G} = \frac{G}{2}\left(\frac{T\rho}{GI_p}\right)^2$$

对其进行积分，即得应变能为

$$V_\varepsilon = \int v_\varepsilon \, dV = \int_0^{2L} \frac{G}{2} \frac{T^2}{(GI_p)^2}\left(\int \rho^2 \, dA\right) dx = \frac{T^2}{2G} \int_0^{2L} \frac{1}{(\int \rho^2 \, dA)} dx$$

则将结构数据代入公式中，得

$$V_{\varepsilon ABC} = \frac{T^2}{2G}\left(\frac{L}{I_{pAB}} + \frac{L}{I_{pBC}}\right)$$

$$V_{\varepsilon ABC} = \frac{T^2}{2G} * \frac{2L}{I_{pDE}}$$

令其相等，则

$$V_{\varepsilon ABC} = V_{\varepsilon ABC}$$

$$\frac{T^2}{2G}\left(\frac{L}{I_{pAB}} + \frac{L}{I_{pBC}}\right) = \frac{T^2}{2G} * \frac{2L}{I_{pDE}}$$

$$\frac{32}{\pi d_1^4} + \frac{32}{\pi d_2^4} = \frac{2 * 32}{\pi d^4[1 - (1 - 2\alpha)^4]}$$

$$\frac{d_1^4 + d_2^4}{d_2^4 * d_1^4} = \frac{2}{d^4[1 - (1 - 2\alpha)^4]}$$

所以若使 ABC 杆的变形能和 DE 杆相同，则要求 d，d_1，d_2 之间有以上的关系.

（3）根据众多实验结果可知，铸铁材料的抗压性能和抗扭性能要强于抗拉性能，即铸铁材料受压不受拉，所以应该利用第一强度理论（最大拉应力理论）求解．

由题可知，ABC 圆杆为受纯扭作用，$d_1 > d_2$．

根据公式 $\sigma_1 = \frac{\sigma_x + \sigma_y}{2} + \sqrt{\left(\frac{\sigma_x - \sigma_y}{2}\right)^2 + \tau_{xy}^2}$，可得

$$\sigma_1 = \tau_{max} = \frac{T}{W_{P2}} = \frac{16T}{\pi d_2^3}$$

又由最大拉应力理论可知，$\sigma_1 \leq [\sigma]$，即可整理得

$$\frac{16T}{\pi d_2^3} = \sigma_1 \leq [\sigma]$$

则 ABC 杆件的直径需要满足

$$d_1 > d_2 \geq \sqrt[3]{\frac{16T}{\pi [\sigma]}}$$

习题 5-4

解：

令 $G_{锌} = G_1$，实心为 I_{p1}；$G_{铜} = G_2$，实心为 I_{p2}．

根据 $\gamma_\rho = \rho \frac{d\varphi}{dx}$，且两者未相对滑动，$\frac{d\varphi}{dx}$ 对于给定圆截面是个常量，所以 $\gamma \propto \rho$，不会出现斜率的改变．如图 5-16 所示：

图 5-16　切应变图

但是根据 $\tau = G\gamma$ 知，由于 $G_1 \neq G_2$，且在各自线段上为常数，所以会有突变，但是两者均经过圆心．

所以切应力，如图 5-17 所示：

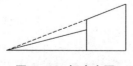

图 5-17　切应力图

习题 5-5

解:

$$\tau_{max} = \frac{T}{2A_0\delta_{min}}$$

$$\frac{d\varphi}{dx} = \frac{Ts}{4GA_0^2\delta} = \frac{T}{4GA_0^2}\int\frac{ds}{\delta}$$

根据 $\tau_{max} = \frac{T}{2A_0\delta_{min}}$ 得,τ_{max} 应该在上部 δ_1,

则 $\tau_{max} = \frac{T}{2A_0\delta_1}$.

根据 $\frac{d\varphi}{dx} = \frac{Ts}{4GA_0^2\delta}$,得

$$\varphi = \frac{TL}{4GA_0^2}\int\frac{ds}{\delta} = \frac{TL}{4GA_0^2}\left[\int_0^{\frac{s}{2}}\frac{1}{\delta_1}ds + \int_{\frac{s}{2}}^{s}\frac{1}{\delta_2}ds\right] = \frac{TL}{4G(\pi R^2)^2}\left[\frac{s}{2\delta_1} + \frac{s}{2\delta_2}\right]$$

$$= \frac{TL}{4G\pi R^3}\left[\frac{1}{\delta_1} + \frac{1}{\delta_2}\right]$$

习题 5-6

解:

为方便表达,令 $G_B = G_1$,实心为 I_{p1};$G_A = G_2$,实心为 I_{p2}.

根据 $\gamma = \rho\frac{d\varphi}{dx}$,且两者未相对滑动,$\frac{d\varphi}{dx}$ 对于给定圆截面是个常量,所以 $\gamma \propto \rho$,不会出现斜率的改变.如图 5-16 所示:

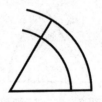

图 5-16 切应变图

但根据 $\tau = G\gamma$,由于 $G_1 \neq G_2$,且在各自线段上为常数,所以会有突变,但是两者均经过圆心.

所以切应力,如图 5-17 所示:

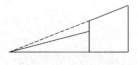

图 5-17 切应力图

求 $\gamma = \rho\frac{d\varphi}{dx}$ 中的 $\frac{d\varphi}{dx}$:

首先，因为两者嵌合紧密，切应变依然符合变形关系 $\gamma = \rho \frac{d\varphi}{dx}$，$\frac{d\varphi}{dx}$ 对于给定截面为常数．

根据 $\int \rho dF = M$ 得，$\int \rho \tau dA = \int \rho G \gamma dA = \int \rho G \rho \frac{d\varphi}{dx} dA = T$．

因为 $\frac{d\varphi}{dx}$ 对于给定截面为常数，所以上式可写为 $\frac{d\varphi}{dx} \int_0^{D/2} G \rho^2 dA = T$

$$\frac{d\varphi}{dx}\left[\int_0^{d/2} G_1 \rho^2 \, dA + \int_{d/2}^{D/2} G_2 \rho^2 \, dA\right] = \frac{d\varphi}{dx}\left[G_1 I_{p1} + G_2 I_{p2}\right] = T$$

$$\frac{d\varphi}{dx} = \frac{T}{G_1 I_{p1} + G_2 I_{p2}}$$

同理可根据 $\tau = G\gamma = G\rho \frac{d\varphi}{dx}$ 得两个圆柱相应的最大切应力

$$\tau_{max,\,1} = G_1 \rho \frac{d\varphi}{dx} = \frac{G_1 T \cdot d}{2\left(G_1 I_{p1} + G_2 I_{p2}\right)}$$

$$\tau_{max,\,2} = G_2 \rho \frac{d\varphi}{dx} = \frac{G_2 T \cdot D}{2\left(G_1 I_{p1} + G_2 I_{p2}\right)}$$

所以，截面 a-a 处的扭转角、剪应变、剪应力分布图，如图 5-18、图 5-19 所示：

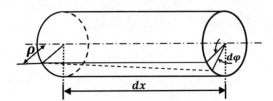

图 5-18 截面 a-a 处的扭转角分布

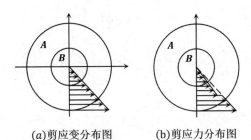

(a)剪应变分布图 (b)剪应力分布图

图 5-19 截面 a-a 处应力应变分布图

习题 5-7

解：

由题可得，变截面杆的直径为 $d(x) = \frac{20 + x}{20}$．

C 相对 A 端转角 $\phi_{CA} = \int_0^{10} \frac{32 T_A}{G\pi d^4(x)} dx = \int_0^{10} \frac{32 \cdot 20^4 \cdot T_A}{G\pi(20+x)^4} dx = 4.78 \times 10^{-8} T_A$．

C 相对 B 端转角 $\phi_{CB} = \int_{10}^{20} \frac{32 T_B}{G\pi d^4(x)} dx = \int_{10}^{20} \frac{32 \cdot 20^4 \cdot T_B}{G\pi(20+x)^4} dx = 1.16 \times 10^{-8} T_B$．

由 $\phi_{CA} = \phi_{CB}$，且 $T_A + T_B = T$，得 $T_A = 0.19$MN·m，$T_B = 0.81$MN·m．

$$\phi_C = \phi_{CA} = \phi_{CB} = 0.53°$$

思路： 属于变截面扭转超静定问题，是对推导扭转角公式的考查．

习题 5–8

解：

取距离自由端为 x 的一段微元 dx，设其直径为 $d(x)$，

则 $d(x) = \frac{2d-d}{L} \cdot x + d = d \cdot \left(\frac{x}{L} + 1\right)$．

又因为 $T(x) = M(x)$，

则扭转角

$$\varphi = \int_0^L \frac{M \cdot x \, dx}{G \cdot \frac{\pi d^4}{32}} = \frac{32M}{G\pi d^4} \int_0^L \frac{x \, dx}{\left(1 + \frac{x}{L}\right)^4} = \frac{8ML^2}{3G\pi d^4}$$

思路： 与利用集中扭矩推导出来的常圆截面扭转角公式相比，变扭矩和变圆截面也仅仅只是改变了里面参数的表达，但公式整体表达形式没有改变．

习题 5–9

解：

已知 C 处有力矩 T_C，则可设 A、B 处的力矩分别为 T_A、T_B，

由于 A、B 均为固定端，则 $\varphi_{CB} = \varphi_{CA} = \varphi$，根据 $\frac{d\varphi}{dx} = \frac{T}{GI_P}$，可知 $\varphi = \frac{TL}{GI_P}$，

$$\varphi_{CA} = \frac{T_A L_A}{GI_{PA}} = \frac{T_A \frac{2L}{3}}{G\frac{\pi(2d)^4}{32}} \quad , \quad \varphi_{CB} = \frac{T_B L_B}{GI_{PB}} = \frac{T_B \frac{L}{3}}{G\frac{\pi d^4}{32}}$$

则根据静力平衡和变形几何协调条件 $\begin{cases} \varphi_{CB} = \varphi_{CA} \\ T_A + T_B = T_C \end{cases}$，可求得 $T_A = 8T_B$，

即 $\begin{cases} T_A = \frac{8}{9}T_C \\ T_B = \frac{1}{9}T_C \end{cases}$，$T_A$、$T_B$ 方向相同．此时

$$\varphi_{CB} = \varphi_{CA} = \frac{32T_C L}{27G\pi d^4}$$

习题 5–10

解：

（1）由题设可得其几何变形相容方程为

$$\varphi_B = (\varphi_B)_{T_0} - (\varphi_B)_{T_b} = 0$$

由扭矩—扭转角间的物理关系

$$(\varphi_B)_{T_0} = \int_0^a \frac{T(x)\,dx}{GI_p(x)} = \frac{T_0 a}{GI_{pa}}$$

$$(\varphi_B)_{T_b} = \int_0^{a+b} \frac{T(x)\,dx}{GI_p(x)} = \frac{T_b a}{GI_{pa}} + \frac{T_b b}{GI_{pb}}$$

代入变形相容方程，得补充方程

$$\varphi_B = (\varphi_B)_{T_0} - (\varphi_B)_{T_b} = \frac{T_0 a}{GI_{pa}} - \left(\frac{T_b a}{GI_{pa}} + \frac{T_b b}{GI_{pb}}\right) = 0$$

则

$$T_b = \frac{aI_{pb}}{aI_{pb} + bI_{pa}} T_0$$

则

$$T_a = T_0 - T_b = \frac{bI_{pa}}{aI_{pb} + bI_{pa}} T_0$$

（2）

$$\tau_{max} = \frac{\frac{d}{2}T}{I_p} = \frac{T}{W_p}$$

因为 $I_p = \frac{\pi d^4}{32}$，则 $W_p = \frac{\pi d^3}{16}$，

即 $d = \sqrt[4]{\frac{32I_p}{\pi}}$，$W_p = \frac{\pi d^3}{16} = \frac{\pi}{16}\left(\frac{32I_p}{\pi}\right)^{\frac{3}{4}}$，

则

$$\tau_{max} = \frac{16T}{\pi}\left(\frac{32I_p}{\pi}\right)^{-\frac{3}{4}}$$

由（1）可知

$$T_b = \frac{aI_{pb}}{aI_{pb} + bI_{pa}} T_0$$

$$T_a = \frac{bI_{pa}}{aI_{pb} + bI_{pa}} T_0$$

此时令 AC 段最大切应力 τ_{max}^a 为 $[\tau]$，

即得

$$\tau_{max}^a = \frac{16T_a}{\pi}\left(\frac{32I_{pa}}{\pi}\right)^{-\frac{3}{4}} = \frac{16bI_{pa}}{\pi(aI_{pb} + bI_{pa})}\left(\frac{32I_{pa}}{\pi}\right)^{-\frac{3}{4}} T_0^{AC} = [\tau]$$

$$T_0^{AC} = \frac{\pi(aI_{pb} + bI_{pa})}{16bI_{pb}}\left(\frac{32I_{pa}}{\pi}\right)^{\frac{3}{4}}[\tau]$$

同理令 BC 段最大切应力 τ_{max}^a 为 $[\tau]$，

$$\tau_{max}^b = \frac{16T_b}{\pi}\left(\frac{32I_{pb}}{\pi}\right)^{-\frac{3}{4}} = \frac{16aI_{pb}}{\pi(aI_{pb} + bI_{pa})}\left(\frac{32I_{pb}}{\pi}\right)^{-\frac{3}{4}} T_0^{BC} = [\tau]$$

$$T_0^{BC} = \frac{\pi(aI_{pb} + bI_{pa})}{16bI_{pb}}\left(\frac{32I_{pb}}{\pi}\right)^{\frac{3}{4}}[\tau]$$

则

$$T_0 = min \left\{ T_0^{AC}, T_0^{BC} \right\}$$

（3）若 AB 各处最大剪应力相等，即

$$\tau_{max}^a = \tau_{max}^b = [\tau]$$

则 AC、BC 段直径需要满足的条件为

$$\frac{16bI_{pa}}{\pi(aI_{pb} + bI_{pa})} \left(\frac{32I_{pa}}{\pi} \right)^{-\frac{3}{4}} T_0 = \frac{16aI_{pb}}{\pi(aI_{pb} + bI_{pa})} \left(\frac{32I_{pb}}{\pi} \right)^{-\frac{3}{4}} T_0$$

$$b\sqrt[4]{I_{pa}} = a\sqrt[4]{I_{pb}}$$

因为 $I_p = \frac{\pi d^4}{32}$，则 AC、BC 段直径需要满足的条件为

$$bd_a = ad_b$$

思路：目前各个院校对于扭转章节的考查会从各个方面出题，且分值占比较大，所以扭转的公式和对应的各个题型应该作为复习的重点．

习题 5–11

解：

（1）由 $\beta = \frac{a}{b}$ 得

$$A = 2(a + b)\delta = 2(1 + \beta)b\delta \quad 或 \quad b = \frac{A}{(1 + \beta)\delta}$$

闭口薄壁截面杆的最大切应力为

$$\tau_{闭\,max} = \frac{T}{2A_0\delta_{min}} = \frac{T}{2ab\delta} = \frac{T}{2\beta b^2\delta}$$

$$= \frac{T}{2\beta\delta\left[\frac{A}{(1 + \beta)\delta} \right]^2} = \frac{2T\delta}{A^2} \cdot \frac{(1 + \beta)^2}{\beta}$$

即 $\tau_{闭\,max}$ 和 $\frac{(1+\beta)^2}{\beta}$ 成正比．

（2）开口薄壁截面杆的相当极惯性矩为

$$I_t = \frac{1}{3}\sum_{i=1}^{n} h_i\delta_i^3 = \frac{\delta^3}{3}\sum_{i=1}^{n} h_i = \frac{\delta^3}{3} \times 2(a + b) = \frac{\delta^2 A}{3}$$

最大切应力为

$$\tau_{开\,max} = \frac{T\delta_{max}}{I_t} = \frac{T\delta}{\frac{\delta^2 A}{3}} = \frac{3T}{\delta A}$$

在截面形状方面，厚度 δ 与面积 A 不变，即 β 不影响切应力数值．

习题 5–12

解：

（1）推导切应力和扭转角公式

沿壁厚中线取出长为 ds 的一段，在该段上的内力元素为 $\tau t ds$，其方向与壁厚中线相切．

其对横截面平面内任一点 O 的矩为

$$\mathrm{d}T = (\tau t ds)\rho$$

式中，ρ 是从矩心 O 到内力元素 $\tau t ds$ 作用线的垂直距离.

由力矩合成原理可知，截面上扭矩应为 $\mathrm{d}T$ 沿壁厚中线全长 s 的积分. 即得

$$T = \int \mathrm{d}T = \int \tau t \rho ds = \tau t \int_s \rho ds = \tau t 2A_0$$

沿壁厚中线全长 s 的积分应是该中线所围面积 A_0 的 2 倍，

可得

$$\tau = \frac{T}{2A_0 t}$$

上式即为闭口薄壁截面等直杆在自由扭转时横截面上任一点处切应力的计算公式.

由上式可知，壁厚 t 最薄处横截面上的切应力 τ 为最大. 于是杆横截面上的最大切应力为

$$\tau_{max} = \frac{T}{2A_0 t_{min}}$$

式中，t_{min} 为薄壁截面的最小壁厚.

闭口薄壁截面等直杆的单位长度扭转角 φ' 可按功能原理来求得.

由纯剪切应力状态下的应变能密度 v_e 的表达式，可得杆内任一点处的应变能密度为

$$v_e = \frac{\tau^2}{2G} = \frac{1}{2G}\left(\frac{T}{2A_0 t}\right)^2 = \frac{T^2}{8GA_0^2 t^2}$$

得单位长度杆内的应变能为

$$V_\varepsilon = \int_V v_\varepsilon dV = \frac{T^2}{8GA_0^2}\int_V \frac{dV}{t^2}$$

式中，V 为单位长度杆壁的体积，$\mathrm{d}V = 1 \cdot t \cdot ds = t ds$.

将 $\mathrm{d}V$ 代入上式，并沿壁厚中线的全长 s 积分，即得

$$V_\varepsilon = \frac{T^2}{8GA_0^2}\int_s \frac{ds}{t}$$

然后，计算单位长度杆两端截面上的扭矩对杆段的相对扭转角 φ' 所做的功. 由于杆在线弹性范围内工作，因此所做的功应为

$$W = \frac{T\varphi'}{2}$$

从而解得

$$\varphi' = \frac{T}{4GA_0^2}\int_s \frac{ds}{t}$$

即得所要求的单位长度扭转角.

（2）静力平衡方程

$$T = \int \mathrm{d}T = \int \tau\rho dA = \int \tau\delta\rho ds$$

物理方程

$$\tau = G\gamma$$

变形方程

$$\gamma = \frac{d\varphi}{dx}\rho$$

闭口薄壁的性质为横截面沿其周边任一点处的切应力与该点处的壁厚之乘积为一常数

$$\tau\delta = C$$

$$T = \int G\gamma \frac{t_0}{2 - \sin(\alpha/2)}\rho^2 \, ds = \int_0^{2\pi} G\frac{d\varphi}{dx}\frac{t_0}{2 - \sin(\alpha/2)}\rho^3 \, d\alpha$$

$$= \left[\int_0^{2\pi} \frac{1}{2 - \sin(\alpha/2)}\, d\alpha\right] Gt_0\rho^3 * \frac{d\varphi}{dx}$$

$$= \frac{2\pi\sqrt{3}}{3}Gt_0\rho^3 * \frac{d\varphi}{dx}$$

则

$$\frac{d\varphi}{dx} = \frac{\sqrt{3}T}{2\pi Gt_0\rho^3}$$

$$\tau = G\gamma = G\rho\frac{d\varphi}{dx} = \frac{\sqrt{3}T}{2\pi t_0\rho^2}$$

第6章 切应力流（扭转）

正 文

6.1 各截面切应力流方向

如图 6-1 所示：

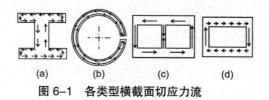

图 6-1 各类型横截面切应力流

扭转剪应力流为中心对称，开口薄壁扭转最外侧切应力流方向与扭矩方向保持一致.

6.2 箱形截面的主梁抗扭刚度大，有利于偏心荷载

箱形梁受扭时分为自由扭转和约束扭转[1].

6.2.1 自由扭转

箱形自由扭转分为单箱室和多箱室自由扭转，其中多箱室自由扭转的剪力流是一个超静定问题，每一室有一个未知量 q_i，共有 n 个室，有个 n 未知量，各式由剪力流 q_i 引起的扭矩总和加起来等于总扭矩，得到 $\sum_{i=1}^{n} q_i \Omega_i = M_K$，箱形扭转剪力流具体方向如上图 6-1-(c)~(d).

6.2.2 约束扭转

当箱形梁受扭时纵向纤维变形不自由，受到拉伸或者压缩，截面不能自由翘曲，在截面上产生翘曲正应力 σ_w 和约束扭转剪应力 τ_w，箱形截面受力与变形和矩形截面类似.

---

[1] 郭金琼、房贞政、郑振：《箱形梁设计理论》，人民交通出版社 2008 年版，第 5、44 页.

第7章 弯矩公式推导

正 文

7.1 弯矩方程推导及其假设

思考：在研究欧拉 - 伯努利梁（细长梁）受力弯曲问题时，采用了哪些假设，并使用微分关系写出其详细推导过程．用挠度 w 表示弯矩，并在推导过程中说明假设的作用．

7.1.1 主要假设

（1）仅产生弯曲变形；（2）无挤压单向受力；（3）平面假设；（4）连续性假设；（5）均匀性假设；（6）各向同性假设；（7）小变形假设．

在上述假设的前提下，取一弯曲段进行分析．

7.1.2 根据弯曲平面假设（几何方面分析）

梁在发生弯曲变形后，如图 7-1 所示：

（1）其原来的横截面保持为平面；

（2）绕垂直于纵对称面的某一轴（中性轴）旋转；

（3）垂直于梁变形后的轴线．

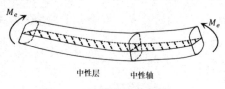

中性层　　　中性轴

图 7-1　纯弯曲构件剖面

作用：

（1）保证了纵向纤维变形的连续性．根据假设，梁在弯曲变形后，底面纵向纤维伸长量最大，由此向上纤维伸长量渐次减小，这使得任意横截面上的纵向纤维的变形量沿着截面高度是线性变化；

（2）保证了纵向纤维线应变的连续性．纵向纤维长度变形的连续性可推导出纤维线应变的连续性，并且根据零点定理，其中必然有一处线应变为零，即为中性层，进而得出纯弯曲梁的变形几何关系 $\varepsilon = \frac{y}{\rho}$，$\gamma \propto \rho$．

可以设某一小段上的变形曲率半径为 ρ，如图 7-2 所示，则

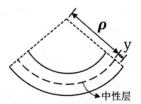

图 7-2　微元体纵截面

请注意，此时：ρ 值要远大于 y．

$$\varepsilon = \frac{(\rho + y)\,d\theta - \rho\,d\theta}{\rho\,d\theta} = \frac{y}{\rho}$$

7.1.3　根据单向受力假设（物理方面分析）

假设梁的任一截面上剪力为零，弯矩为常量 M，其值等于外力偶矩 M_e，$F_s = 0$，$M = M_e = C$．

作用： 即各纵向线段间无挤压，且无剪力产生的切应力．所以当材料处于线弹性范围内，并且拉伸和压缩模量相同时，即可用**单轴拉伸应力状态**下的胡克定律．

即 $\sigma = E\varepsilon = E\frac{y}{\rho}$．

7.1.4　根据仅产生弯曲变形假设（静力学方面分析）

只有弯曲变形，而没有轴向拉压变形，所以可推得合外轴力为零，来确定中性轴的位置．

作用：

（1）根据 $\int \sigma dA = F_{外} = 0$ 来确定中性轴的位置；

（2）根据 $\int \sigma z dA = M_y = 0$，$\int \sigma y dA = M_z = M$（此处是按照教科书上的推导来写的，并且用到了平面假设），

即

$$\int \sigma y dA = \int E\frac{y}{\rho} y dA = E \cdot \frac{1}{\rho} \cdot I_z = M_z = M$$

则弯矩方程为

$$\frac{1}{\rho} = \frac{M}{EI_z}, \quad \varepsilon = \frac{My}{EI_z}, \quad \sigma = \frac{My}{I_z}$$

$\frac{1}{\rho} = \frac{M}{EI_z}$ 可以由挠曲线精确微分方程 $\frac{d\theta}{ds} = \frac{-M}{EI_z}$，推得挠曲线近似微分方程 $\frac{d\theta}{dx} = w'' = \frac{-M}{EI_z}$，即弯矩方程推导的最后一步，用挠度 w 表示弯矩 M，同时也可以得到挠曲线近似微分方程仅适

用于在线弹性范围，微小变形情况下细而长的梁的平面弯曲，所以在压杆稳定章节，要求引用欧拉公式的条件是大柔度杆件（即 $\sigma \leq \sigma_p$，此处的 σ_p 为比例极限）．

7.1.5 连续性假设（几何变形方面）

此假设认为物体在其整个体积内连续地充满了物质而毫无空隙．

作用： 根据这一假设，可在受弯构件内任意一点处截取一体积单元来进行研究．且变形后的固体既不引起"空隙"，也不产生"挤入"现象．

所以会存在 $\varepsilon = 0$ 的纵向层面，即**中性层**．可以用数学里的"零点定理"来理解，一个连续函数在一定区间内存在正值和负值，则一定存在零点．

7.1.6 均匀性假设（静力学方面分析）

此假设认为从物体内任意一点处取出的体积单元，其力学性能都能代表整个物体的力学性能．

作用： 对于材料内各点的力学性能都相同；可以在静力学分析方面推出该式 $\int \sigma y dA = \int E \varepsilon y dA = M_z = M.$

7.1.7 各向同性假设

此假设认为材料沿各个方向的力学性能是相同的．

作用： 所以对于各个方向上的杨氏模量和泊松比都相同．即

$$E_1 = E_2 = E_3$$
$$\mu_1 = \mu_2 = \mu_3$$

7.1.8 小变形假设

材料力学中所研究的构件在承受荷载作用时，其变形与构件的原始尺寸相比通常甚小，可以略去不计．所以，在研究构件的平衡和运动及内部受力和变形等问题时，均可按构件的原始尺寸和形状进行计算．

作用：

（1）在列平衡方程求力时，可忽略变形，仍用变形前的尺寸和形状—原始尺寸原理；

（2）在变形分析时，几何分析以直线代替曲线 $\tan\theta \approx \sin\theta \approx \theta$，其中 $\theta \to 0.$

7.2 弯矩、剪力和分布荷载集度间的微分关系

取梁的左端为 x 轴的坐标原点，梁上受外力情况，如图 7-3 所示：

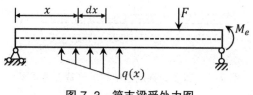

图 7-3　简支梁受外力图

用坐标为 x 和 $x + dx$ 的两横截面截取长为 dx 的梁段，并对其进行受力分析，如图 7-4 所示：

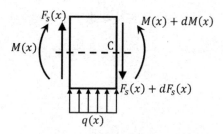

图 7-4　微元体内力平衡图

梁段的平衡方程

$$\sum F_y = F_s(x) + q\,dx - F_s(x) - dF_s(x) = 0$$

$$\sum M_c = M(x) + dM(x) - q\,dx * \frac{dx}{2} - M(x) - Q(x)dx = 0$$

联立上述式子，略去二阶微量，即得

$$\frac{dF_s(x)}{dx} = q(x), \qquad \frac{dM(x)}{dx} = F_s(x)$$

$$\frac{d^2 M(x)}{dx^2} = q(x)$$

以上三式就是弯矩 $M(x)$、剪力 $F_3(x)$ 和荷载集度 $q(x)$ 三个函数间的微分关系式.

习　题

习题 7-1：

如图 7-5 所示，弹性地基中有一单位宽度地基梁，若按照 *WinkLer* 地基梁假定（梁身任一点的土抗力和该点的位移成正比）进行求解，其地基刚度为 k，梁的抗弯刚度为 *EI*.

画出该梁的一微元段的载荷分布，载荷包括分布载荷 $q(x)$、剪力 $Q(x)$、弯矩 $M(x)$，并推导它们的微分关系.

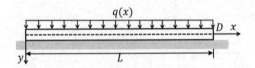

图 7–5　置于弹性地基中的单位宽度地基梁

习题 7–2：

结构及其变形 y 轴对称，则对称轴上的应变状态变量中 ε_y、ε_x、γ_{xy} 哪些一定为零？并请说明理由.

习题参考答案

习题 7–1

解：

推导梁弹性失稳时的特征方程，梁的受力情况，如图 7-6 所示：

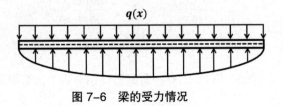

图 7–6　梁的受力情况

（1）第一种方法

取长度为 dx 的微元体进行受力分析，如图 7-7 所示：

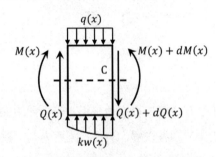

图 7–7　长度为 dx 的单元

$$\sum F_y = Q(x) + kw(x)dx - q\,dx - Q(x) - dQ(x) = 0$$

$$\sum M_c = M(x) + dM(x) + q\,dx * \frac{dx}{2} - M(x) - Q(x)dx - kw(x)dx * \frac{dx}{2} = 0$$

联立上述式子，略去二阶微量，即得

$$\frac{dQ(x)}{dx} = kw(x) - q(x), \qquad \frac{dM(x)}{dx} = Q(x) = \int_0^x [kw(t) - q(t)]\,dt$$

$$\frac{d^2 M(x)}{dx^2} = kw(x) - q(x)$$

以上三式就是弯矩 $M(x)$、剪力 $F_3(x)$ 和荷载集度 $q(x)$ 三个函数间的微分关系式．

（2）第二种方法

也可以取长度为 x 的单元进行受力分析，如图 7-8 所示：

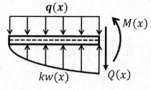

图 7-8　长度为 x 的单元

则

$$Q(x) = \int_0^x [kw(t) - q(t)]\,dt$$

$$M(x) = \int_0^x [kw(t) - q(t)](x - t)dt$$

则

$$\frac{dQ(x)}{dx} = kw(x) - q(x), \qquad \frac{dM(x)}{dx} = Q(x) = \int_0^x [kw(t) - q(t)]\,dt$$

习题 7-2

解：

ε_y 一定为零．

根据平截面假定，在纯弯曲状态下，梁在受力而发生弯曲后其原来的横截面保持平面并绕中性轴旋转，且仍垂直于梁变形后的轴线．其中 y 轴方向上的长度不会改变．

而 $\varepsilon_x = \frac{y}{\rho}$，根据公式，在非中性轴处（中性轴并不一定是对称轴），其 x 轴方向上的线应变不为零．

而 γ_{xy} 根据平截面假定和实际变形（纵截面会变为扇形），不难看出其不为零．

综上，仅 ε_y 一定为零．

第8章　梁的正应力强度条件

正　文

一般以材料的**许用拉应力**作为材料许用弯曲正应力. 事实上, 由于弯曲与轴向拉伸时杆横截面上正应力的变化规律不同, 材料在弯曲与轴向拉伸时的强度并不相同, 因此在某些设计规范中所规定的许用弯曲正应力略高于许用拉应力.

关于许用弯曲正应力的数值, 在有关的设计规范中对于用铸铁等脆性材料制成的梁均有具体规定, 由于材料的许用拉应力和许用压应力不同, 而梁横截面的中性轴往往也不是对称轴, 因此, 梁的最大工作拉（压）应力要求分别不超过材料的许用拉（压）应力.

（这类题型经常会出现在各个院校的试卷上, 属于比较基础的部分. 具体解题步骤: 先找危险面, 再找危险点, 最后校核. 参考例题 i）

【例题 i】

如图 8-1 所示, 简支梁 ABC 上作用有均布载荷 q_0. 梁所用材料拉伸许可应力 $\sigma_{拉} = 40KPa$, 其压缩许可应力 $\sigma_{压} = 100KPa$. 已知 $L = 1m$, $q_0 = 80kN/m$, 试确定⊥型截面尺寸 a.

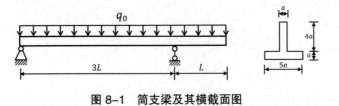

图 8-1　简支梁及其横截面图

解:

由题可列出静力平衡方程

$$\sum M_B = 0, \quad F_A \cdot 3L - 2q_0L \cdot 2L = 0$$

$$F_A = \frac{4}{3}q_0L$$

$$\sum F_y = 0, \quad F_A + F_B = 4q_0L$$

$$F_B = \frac{8}{3}q_0L$$

AB 段弯矩 $M(x) = \frac{4}{3}q_0Lx - \frac{1}{2}q_0L^2$，当弯矩为最大值时，需要满足的条件 $\frac{dM(x)}{dx} = 0$，解得 $x = \frac{4}{3}L$，$M(\frac{4}{3}L) = \frac{8}{9}q_0L^2$.

B 端弯矩 $M_B = -\frac{1}{2}q_0L^2$.

截面形心坐标为

$$\bar{z} = \frac{5a \cdot a \cdot \frac{a}{2} + 4a \cdot a \cdot 3a}{4a^2 + 5a^2} = \frac{29a}{18}$$

在 $x = \frac{4L}{3}$ 处，拉应力

$$\sigma_t = \frac{M\left(\frac{4}{3}L\right)}{I_z} \cdot \bar{z} = \frac{464q_0L^2}{6363a^3}$$

压应力

$$\sigma_c = \frac{M\left(\frac{4}{3}L\right)}{I_z} \cdot (5a - \bar{z}) = \frac{976q_0L^2}{6363a^3}$$

在 B 截面处，拉应力

$$\sigma_t = \frac{M_B}{I_z} \cdot (5a - \bar{z}) = \frac{549q_0L^2}{6363a^3}$$

压应力

$$\sigma_c = \frac{M_B}{I_z} \cdot \bar{z} = \frac{261q_0L^2}{6363a^3}$$

因此得出梁内最大拉应力为 $\sigma_{tmax} = \frac{549q_0L^2}{6363a^3} \leq [\sigma_拉] = 40\text{kPa}$，$a \geq 0.56m$.

梁内最大压应力为 $\sigma_{cmax} = \frac{976q_0L^2}{6363a^3} \leq [\sigma_压] = 100\text{kPa}$，$a \geq 0.50m$.

因此 $a \geq 0.56m$.

思路：最大拉（压）应力的校核. 先找形心轴的位置求惯性矩，接着求两个最危险面最大正弯矩和最大负弯矩，分别求出其对应的最大拉应力和压应力四个危险点，选出其中的最大拉应力和最大压应力进行校核即可.

【例题 ii】

如图 8-2-(a) 所示结构中，已知材料的许用拉应力 $\sigma_t = 30Mpa$，许用压应力 $\sigma_c = 90Mpa$. 中性轴位置如图 8-2-(b) 所示，截面对中性轴的惯性矩为 $I_z = 5.49 \times 10^7 mm^4$，$L = 2m$.

对该结构进行正应力强度校核，求梁的许用荷载 $[q]$.

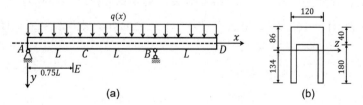

(a)　　　　　　　　(b)

图 8-2　简支梁及其横截面图

解：

根据静力平衡可得

$$\sum F_y = 0$$
$$\sum M_A = 0$$

则可得

$$F_A = \frac{3qL}{4} , \quad F_B = \frac{9qL}{4}$$

所以，

梁上最大正弯矩 $M_{maxE}^+ = 0.281qL^2$，其中 $x_E = 0.75L$.

梁上最大负弯矩 $M_{maxB}^+ = -0.5qL^2$，其中 $x_B = 2L$.

则 E 点

$$\sigma_t = \frac{0.281 \times q \times 2^2 \times 10^6 \times 134}{5.49 \times 10^7} \le 30 Mpa \qquad \therefore q^{①} \le 10.94\, kN/m$$

$$\sigma_c = \frac{0.281 \times q \times 2^2 \times 10^6 \times 86}{5.49 \times 10^7} \le 90 Mpa \qquad \therefore q^{②} \le 51.12\, kN/m$$

则 B 点

$$\sigma_t = \frac{0.5 \times q \times 2^2 \times 10^6 \times 86}{5.49 \times 10^7} \le 30 Mpa \qquad \therefore q^{③} \le 9.58\, kN/m$$

$$\sigma_c = \frac{0.5 \times q \times 2^2 \times 10^6 \times 134}{5.49 \times 10^7} \le 90 Mpa \qquad \therefore q^{④} \le 18.44\, kN/m$$

$$\therefore q \le min\left\{ q^{①} 、 q^{②} 、 q^{③} 、 q^{④} \right\}$$
$$q \le 9.58\, kN/m$$

习　题

习题 8–1：

如图 8-3 所示，两块钢板各厚 $t_1 = 8mm$，$t_2 = 10mm$，宽 $b = 200mm$，用五个直径相同的铆钉搭接，两钢板分别受拉力 $P = 200kN$ 的作用，已知钢的拉压容许应力 $[\sigma] = 160Mpa$，铆钉的剪切作用应力 $[\tau] = 160Mpa$，挤压许用力 $[\sigma_c] = 320Mpa$，求铆钉所需直径 d.

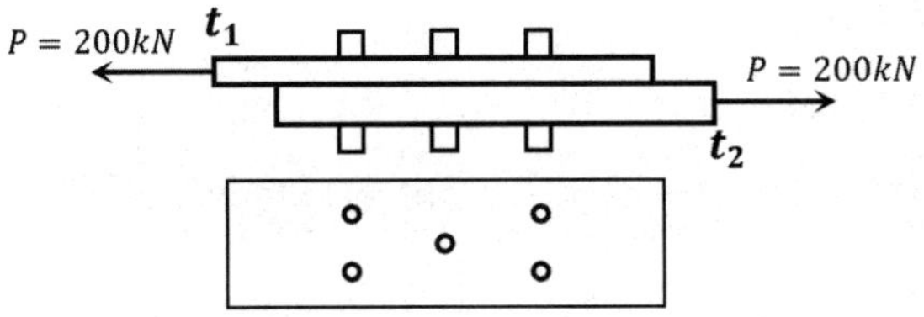

图 8-3 铆钉连接钢板

习题 8-2:

如图 8-4 所示的外伸圆截面梁，截面直径为 d，杨氏模量为 E，两简支基座间的长度为 L，基座左右两侧伸出的长度为 a.

试求：

（1）梁内的最大正应力；

（2）梁的最大挠度．

图 8-4 外伸圆截面梁

习题参考答案

习题 8-1

解：

（1）对于钢板强度校核

上钢板 $\frac{P}{bt_1 - 2dt_1} \leq [\sigma]$，$d \leq 21.9mm$．

下钢板 $\frac{P}{bt_2 - 2dt_2} \leq [\sigma]$，$d \leq 37.5mm$．

（2）对于铆钉剪切强度

因为只有一个剪切面，所以

$$\frac{P}{5 \times \frac{\pi d^2}{4}} = [\tau]，\quad d \geq 19mm$$

（3）铆钉挤压强度计算

因为 $t_1 < t_2$，所以可仅校核上钢板的铆钉

$$\frac{P}{5t_1 d} \leq [\sigma_c], \quad d \geq 15.6mm$$

综上所述，铆钉所需的直径为 $19mm \leq d \leq 21.9mm$.

思路： 注意解题步骤，此题总共需要计算钢板的拉应力校核、铆钉的剪切强度校核，还有铆钉挤压强度校核这三个部分.

习题 8-2

解：

（1）

$$F_A = F_B = P（方向向上）$$

弯矩方程

$$M(x) = -Px + P<x-a> + P<x-a-L>（x 从左往右）$$

则弯矩图，如图 8-5 所示：

图 8-5 弯矩图

其危险截面为 AB 段的任一截面，其弯矩大小为

$$M = Pa$$

易得最大正应力位置为其圆截面的上下点，梁内的最大正应力为

$$\sigma_{max} = \frac{My_{max}}{I_z} = \frac{16}{\pi d^3} * Pa$$

（2）

a. 方法一，初参数方法

$$w''(x) = -\frac{M(x)}{EI}$$

$$-EIw''(x) = -Px + P<x-a> + P<x-a-L>$$

$$-EIw'(x) = -P\frac{x^2}{2!} + P\frac{<x-a>^2}{2!} + P\frac{<x-a-L>^2}{2!} + C$$

$$-EIw(x) = -P\frac{x^3}{3!} + P\frac{<x-a>^3}{3!} + P\frac{<x-a-L>^3}{3!} + Cx + D$$

代入下式

$$x = a, \ w = 0; \ x = a+L, \ w = 0$$

则可得 C、D 为

$$C = \frac{Pa(a+L)}{2} \qquad D = -\frac{Pa^3}{3} - \frac{Pa^2L}{2}$$

则

$$w(x) = -\frac{1}{EI}\left[-P\frac{x^3}{3!} + P\frac{<x-a>^3}{3!} + P\frac{<x-a-L>^3}{3!} + \frac{Pax(a+L)}{2} - \frac{Pa^3}{3} - \frac{Pa^2L}{2}\right]$$

则挠曲线形状大概如图 8-6 所示：

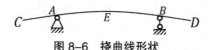

图 8-6　挠曲线形状

所以梁的最大挠度点为端点或者中点，将 $x = 0$ 以及 $x = a + \frac{L}{2}$ 代入，计算得

$$w(x=0) = \frac{1}{EI}\left[\frac{Pa^3}{3} + \frac{Pa^2L}{2}\right] \qquad w\left(x=a+\frac{L}{2}\right) = -\frac{1}{EI}\left[\frac{PaL^2}{8}\right]$$

令 $\frac{Pa^3}{3} + \frac{Pa^2L}{2} = \frac{PaL^2}{8}$，

则 $8a^2 + 12aL - 6L^2 = 0$.

根据 $x = \frac{-b \pm \sqrt{b^2 - 4ac}}{2a}$，易得 $a \approx 0.22L$.

则梁的最大挠度为

$$w_{max} = \begin{cases} \dfrac{1}{EI}\left[\dfrac{Pa^3}{3} + \dfrac{Pa^2L}{2}\right], & 0.22L \le a \\[3mm] \dfrac{1}{EI}\left[\dfrac{PaL^2}{8}\right], & 0 < a < 0.22L \end{cases}$$

b. 方法二，卡氏定理

由于是对称结构，且根据正对称的弯矩图始终为负可以得出，其中一侧的挠度总是在增大，所以挠曲线形状大概如图 8-6 所示：

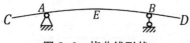

图 8-6　挠曲线形状

所以梁的最大挠度点为端点或者中点

$$F_A = P_C + P_C\frac{a}{L} - P_D\frac{a}{L} \qquad F_B = P_D + P_D\frac{a}{L} - P_C\frac{a}{L} \;（方向向上）$$

此时弯矩方程为

$$M(x) = -P_Cx + \left(P_C + P_C\frac{a}{L} - P_D\frac{a}{L}\right)<x-a> + \left(P_D + P_D\frac{a}{L} - P_C\frac{a}{L}\right)<x-a-L> \;（x 从左往右）$$

$$\frac{\partial M(x)}{\partial P_C} = -x + \left(1 + \frac{a}{L}\right)<x-a> + \left(\frac{-a}{L}\right)<x-a-L>$$

$$V_\varepsilon = \int_0^{2a+L} \frac{M^2(x)\,dx}{2EI(x)}$$

$$\Delta_C = \frac{\partial V_\varepsilon}{\partial P_C} = 2\int_0^{a+L/2} \frac{M(x)}{EI} * \frac{\partial M(x)}{\partial P_C}\,dx$$

$$= 2\left[\int_0^a \frac{M(x)}{EI} * \frac{\partial M(x)}{\partial P_C} dx + \int_a^{a+L/2} \frac{M(x)}{EI} * \frac{\partial M(x)}{\partial P_C} dx\right]$$

$$= \frac{1}{EI}\left[\frac{Pa^3}{3} + \frac{Pa^2 L}{2}\right]$$

（该题求中点挠度最简单的方法是用叠加法）

此时，在梁中点虚设一个向下的集中力 $F_E = 0$，则

$$F_A = F_B = P + F_E/2 \text{（方向向上）}$$

此时弯矩方程为

$$M(x) = -Px + (P + F_E/2) < x - a > + (P + F_E/2) < x - a - L > \text{（}x\text{ 从左往右）}$$

$$\frac{\partial M(x)}{\partial F_E} = \frac{1}{2} < x - a > + \frac{1}{2} < x - a - L >$$

$$\Delta_E = \frac{\partial V_\varepsilon}{\partial F_E}\bigg|_{F_E=0} = 2\int_0^{a+L/2} \frac{M(x)}{EI} * \frac{\partial M(x)}{\partial F_E} dx\bigg|_{F_E=0} = \frac{PaL^2}{8}$$

令 $\frac{Pa^3}{3} + \frac{Pa^2 L}{2} = \frac{PaL^2}{8}$，

则 $8a^2 + 12aL - 6L^2 = 0$.

根据 $x = \frac{-b \pm \sqrt{b^2 - 4ac}}{2a}$，易得 $a \approx 0.22L$.

则梁的最大挠度为

$$w_{max} = \begin{cases} \dfrac{1}{EI}\left[\dfrac{Pa^3}{3} + \dfrac{Pa^2 L}{2}\right], & 0.22L \le a \\[3mm] \dfrac{1}{EI}\left[\dfrac{PaL^2}{8}\right], & 0 < a < 0.22L \end{cases}$$

第 9 章 切应力流（剪力）

正 文

9.1 弯曲剪力流

9.1.1 弯曲剪力流为轴对称分布（针对对称截面）

9.1.2 分析步骤如下

（1）分析受力；（2）选择自由端（翼端）判断拉压；（3）分析微元受力，使其静力平衡，非自由面取切应力，之后根据切应力互等定理，判断 $F_N + dF_N$ 面上的切应力方向（即最后呈现在剪力流图上的方向）；（4）最后按照水流特征画出中间的轴．

9.1.3 如图 9-1 所示

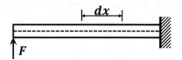

图 9-1 端部受剪切力的悬臂梁

一般会选取该结构中的一微元进行分析，如图 9-2 所示中长度为 dx 的微元体，根据弯矩可知，该段为上压下拉．

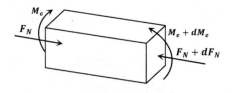

图 9-2 长度为 dx 的微元体

各类型横截面切应力分布如图 9-3、图 9-4、图 9-5 所示：

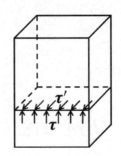

图 9-3　矩形横截面切应力分布图

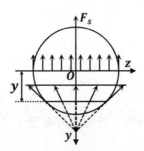

图 9-4　圆形横截面切应力分布图

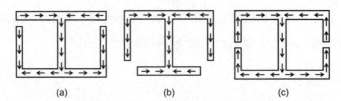

(a)　　　　　　　(b)　　　　　　　(c)

图 9-5　其余各种类型横截面切应力流图

9.2　弯曲中心的确定

思考： 如果不发生扭转，那么外力作用线应该通过哪一点，且切应力对弯曲中心取矩为零？即仅发生弯曲变形的情况为横向力通过弯心，且平行于主惯性平面.

【例题 i】

分别对⊏截面施加力 F_1，F_2，F_3，判断其变形. 如图 9-6 所示：

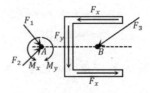

图 9-6　弯曲中心受力图

解：

根据力 F_x、F_y 的方向来判定 A 点为弯曲中心；

这时力 F_1、F_2 会发生弯曲，而力 F_3 会发生弯曲和扭转两种变形．（确定扭矩的大小为：将力 F_3 平移到 A 点，则可以附加一个集中力偶）

这是因为剪力 F 平行于截面位移会产生扭矩，垂直于截面位移就为弯矩．

其中，弯曲中心仅与截面的几何形状有关，与外力作用方向无关．

9.3 平面弯曲的外力作用条件

（1）纯弯曲：当外力偶矩的作用面与梁的形心主惯性平面重合或平行时，梁为平面纯弯曲变形；

（2）剪切弯曲：发生平面弯曲的外力作用条件为：

a. 外力系（外力或外力偶）作用面与梁的形心主惯性平面重合或平行；

b. 横向外力作用面通过薄壁截面的弯曲中心．

习 题

习题 9-1：

在如图 9-7 所示受剪切力的圆截面上画出 AB 这条线上 4 个点的切应力所在位置．

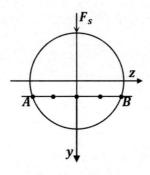

图 9-7 圆截面

习题参考答案

习题 9–1

解:

AB 这条线上 4 个点的切应力所在位置，如图 9-8 所示：

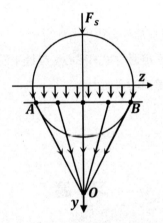

图 9–8　圆形横截面切应力分布图

第 10 章　叠加法、初参数法与卡氏定理求位移的优缺点

正　文

10.1　初参数方程法 [1]

优点：能把梁上的挠曲线方程求出来，即能知道每一个点的挠度和转角 [2].

在初参数方程的计算中，列一个或者两个弯矩方程就足够了，不需要每一段都列出一个弯矩方程，然后利用变形协调去求解.

缺点：计算烦琐，需要利用边界条件进行验算.

请注意，M、F、q 的顺序，以及在挠曲线方程中

$$M \sim \frac{1}{2!} \sim \langle x - x_0 \rangle^2, \quad F \sim \frac{1}{3!} \sim \langle x - x_0 \rangle^3, \quad q \sim \frac{1}{4!} \sim \langle x - x_0 \rangle^4$$

在转角方程中

$$M \sim \frac{1}{1!} \sim \langle x - x_0 \rangle^1, \quad F \sim \frac{1}{2!} \sim \langle x - x_0 \rangle^2, \quad q \sim \frac{1}{3!} \sim \langle x - x_0 \rangle^3$$

在利用初参数法计算均布荷载 q 造成的变形时，有时候会借用叠加法来补 q. 因为 $\langle x - a \rangle$ 无法定义后面的空白段，对于均布荷载 q，算后不算前.

10.2　卡氏第二定理 [3]

$$\Delta_i = \frac{\partial V_\varepsilon}{\partial F_i}$$

优点：方便计算某一点的挠度和转角.

缺点：较难表示挠曲线方程.

[1]　王吉民：《奇异函数建立梁挠曲线初参数方程的方法》，载《浙江科技学院学报》2002 年第 4 期，第 33—36 页.

[2]　李自林、徐秉业：《超静定梁的挠曲线初参数方程》，载《力学与实践》1998 年第 2 期，第 27—28 页.

[3]　CASTIGLIANO A, ANDREWS E S. "The theory of equilibrium of elastic systems and its applications". (No Title), 1966[2024-04-27], P.480.

CASTIGLIANO C A. *Intorno ai sistemi elastici*, Politecnico di Torino, Torino, Italy, 1873, P.52.

10.3　叠加法（公式法）

叠加法算得上一个求挠度和转角的方法.

叠加法的本质在于互不影响,在力求位移的过程中,各个力之间是不会相互影响的,所以可以利用叠加法来求解.

优点:比较容易算一些简单的结构,尤其是对于普通的静定结构,只需要代入一些固定公式即可,如例题 10-7,利用叠加法来解就简单许多.

缺点:本身有很大的局限性,对于一些复杂结构或超静定结构很难算清楚,所以一般不会单独考查.就算是考查的话,也会综合其他方面进行考查,对个人的解题思路要求颇高.

综上,求某一点的位移,可以分为三个方面

$$\begin{cases} 初参数方程法:计算复杂,但基本上遇到的题都能算 \\ 卡氏第二定理:比较需要技巧,但是算起来简单方便 \\ 叠加法:思路和公式需非常清晰. \end{cases}$$

如欲求某一段的挠曲线方程,就只有初参数方程法.

习　题

习题 10-1:

如图 10-1 所示,变高度等强度矩形截面简支梁横截面宽为 b（设为常数）,高度 h 为梁跨度函数 $h = h(x)$,直梁上表面受分布载荷 $q = q(x)$ 作用.若材料弹性模量 E、材料的许用正应力 $[\sigma]$ 和许用剪切应力 $[\tau]$ 皆为已知.

试求:

（1）梁的内力图;

（2）截面高度 h 沿梁轴线的变化规律;

（3）写出梁的转角位移与挠度曲线方程;

（4）若与相同材料、相同载荷作用和结构条件下的等截面梁相比,等强度梁的转角位移和挠度曲线形式会改变吗?为什么?

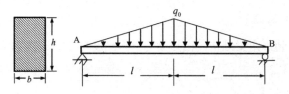

图 10-1　变高度矩形截面简支梁

习题 10-2：

如图 10-2 所示，求 ABC 梁的挠度分布．其中 $L = a + b$.

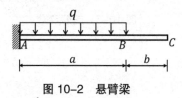

图 10-2　悬臂梁

习题 10-3：

如图 10-3 所示，梁中，BD 段作用均布载荷 w_0，且各段的长度都为 $\frac{L}{3}$，自由端作用一大小为 $\frac{w_0}{9}L^2$ 的力偶，求整个梁的绕曲线方程．

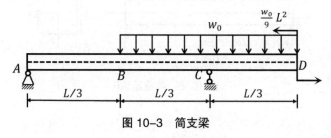

图 10-3　简支梁

习题 10-4：

如图 10-4 所示，一等截面悬臂梁的抗弯刚度为 EI，梁长为 L，请问对梁施加的竖向均布荷载 P，自由端的竖向集中力 F 和弯矩 M_0 为多少时，梁的变形的挠度方程满足 $y = Ax^4$.（其中 A 为常数）

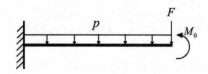

图 10-4　等截面悬臂梁

习题 10-5：

如图 10-5 所示，超静定梁结构，已知梁的抗弯刚度为 EI，长度为 L，所受均布荷载为 q.

试求：

（1）A 和 B 处的约束力 R_A、M_A 和 R_B；

（2）梁的挠曲线方程.

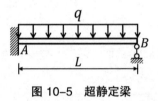

图 10-5　超静定梁

习题 10-6：

如图 10-6、10-7 所示，长度为 L 的梁 AB 高度为 h，弹性模量为 E，惯性矩为 I，梁上作用均布荷载 $q(x)$.

如图 10-7 引入支座 C 于梁中点，求此时挠度 $w(x)$ 表达式.

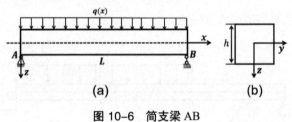

图 10-6　简支梁 AB

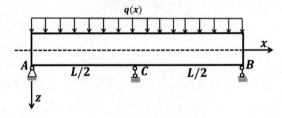

图 10-7　引入支座后的梁 AB

习题 10-7：

如图 10-8 所示，组合梁由 A、B、C 三根梁组成. 其长度分别为 $3L$、$2L$、L. 两梁之间的间距都为 a（$a \ll L$），且在 A 梁自由端作用一力 F，求使 B、C 梁接触时 F 的最小值.

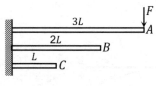

图 10-8　组合梁

习题 10-8：

如图 10-9 所示，长度为 L，弯曲刚度为 EI 的两水平悬臂梁，梁间存在微小间隙 δ，上梁的横截面 C 处作用一铅垂载荷 F.

试问：

（1）当梁端 A 与 B 刚接触时，载荷 F 的值 F_1 是多少？

（2）当梁端 A 与 B 点接触状态结束时，载荷 F 的值为 F_2 是多少？

（3）当梁端 $F = \frac{3}{2}F_2$ 时，上、下两梁接触区段的长度 a 是多少？

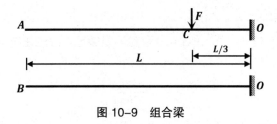

图 10-9　组合梁

习题参考答案

习题 10-1

解：

等强度梁：其变截面梁的各横截面上的最大正应力都相等，且都等于许用应力.

（1）$F_A = F_B = \frac{q_0 L}{2}$，根据对称受力，可以先分析一半结构的内力情况

$$q(x) = \frac{q_0 x}{L} (0 \leq x \leq L)$$

则剪力为 $Q(x) = \frac{q_0 L}{2} - \frac{1}{2L}q_0 x^2$，$(0 \leq x \leq L)$.

弯矩为 $M(x) = \frac{q_0 Lx}{2} - \frac{1}{6L}q_0 x^3$，$(0 \leq x \leq L)$.

则梁的内力图，不难得出，如图 10-10 所示：

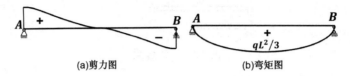

(a)剪力图   (b)弯矩图

图 10-10　剪力图和弯矩图

（2）

a. 按照剪力强度设计支座附近的最小高度 h_{min}

$\frac{3F_A}{2bh_{min}} = [\tau]$, $h_{min} = \frac{3q_0L}{4b[\tau]}$

b. 按照正应力强度设计高度

$\frac{M(x)}{W(x)} = [\sigma]$, 其中 $W(x) = \frac{bh^2(x)}{6}$,

则 $h(x) = \sqrt{\frac{6M(x)}{b[\sigma]}}$.

则 $h(x)_{min} = max\left\{\frac{3q_0L}{4b[\tau]}, \sqrt{\frac{6M(x)}{b[\sigma]}}\right\}$.

但是由方程 $h(x)$ 知，当 $x = 0$，$h(x) = 0$ 显然不能满足，故应在端点附近用 $[\tau]$ 检验强度.

（3）

$$w'' = \frac{-M(x)}{EI(x)}$$

若要解出 $w(x)$ 表达式，则可采用分布积分，下面以 $\sqrt{\frac{6M(x)}{b[\sigma]}} > \frac{3q_0L}{4b[\tau]}$ 部分的积分为例

$$w'' = \frac{-M(x)}{EI(x)} = \frac{-M(x)}{E\dfrac{bh^3(x)}{12}} = \frac{-2[\sigma]^{\frac{3}{2}}b^{\frac{1}{2}}}{\sqrt{6}E\sqrt{M(x)}}$$

令 $\frac{-2[\sigma]^{\frac{3}{2}}b^{\frac{1}{2}}}{\sqrt{6}E} = K$，则上式即为

$$w''(x) = \frac{-M(x)}{EI(x)} = \frac{-M(x)}{E\dfrac{bh^3(x)}{12}} = \frac{K}{\sqrt{M(x)}}$$

$$w'(x) = \int \frac{K}{\sqrt{M(x)}}dx + C$$

$$w(x) = \int\int \frac{K}{\sqrt{M(x)}}dx\,dx + Cx + D$$

边界条件为 $x = L$ 时，$w' = 0$；$x = 0$ 时，$w = 0$；$x = 2L$ 时，$w = 0$. 其中 K、q、L 均为常数.

（之后积分无法求出具体解，此处仅提供一个解题思路）

（4）转角、位移和挠度曲线形状会变化. 根据挠曲线微分方程 $w'' = \frac{-M(x)}{EI(x)}$，在相同材料、相同载荷作用和结构条件下，变截面梁和等截面梁其各点的弯矩 $M(x)$ 和杨氏模量 E 都是相同的，但截面惯性矩 I_z 是不同的. 所以上述三者会发生变化.

习题 10-2

解：

其中 AB 是弯曲变化，BC 是直线变化，将其分开求.

（先用初参数法求 AB 的挠度变化）

根据 $w'' = \dfrac{-M(x)}{EI}$，可得 $-EIw'' = M(x)$.

其中 $M(x) = \dfrac{-1}{2}q(a-x)^2$，因为左边和右边对一个截面的弯矩大小是相同的.

则

$$EIw'' = \frac{1}{2!}q(a-x)^2$$

则

$$EIw' = \frac{-1}{3!}q(a-x)^3 + C$$

则

$$EIw = \frac{1}{4!}q(a-x)^4 + Cx + D$$

将边界条件代入，$x = 0$ 时 $w'_0 = 0$，$w_0 = 0$.

则

$$w(x) = \frac{q}{2EI}\left(\frac{a^2x^2}{2} - \frac{1}{3}ax^3 + \frac{1}{12}x^4\right), \ (0 < x < a)$$

然后分析 BC，因为 BC 上无外力，所以为直线段，此时分析 BC 段为

$$w(x) = w(a) + w'(a)(x-a)$$

其中 $w(a) = \dfrac{qa^4}{8EI}$，$w'(a) = \dfrac{qa^3}{6EI}$，所以

$$w(x) = \frac{qa^4}{8EI} + \frac{qa^3}{6EI}(x-a), \ (a \le x \le a+b)$$

综上

$$\begin{cases} w(x) = \dfrac{q}{2EI}\left(\dfrac{a^2x^2}{2} - \dfrac{1}{3}ax^3 + \dfrac{1}{12}x^4\right), \ (0 < x < a) \\ w(x) = \dfrac{qa^4}{8EI} + \dfrac{qa^3}{6EI}(x-a), \ (a \le x \le a+b) \end{cases}$$

其中 x 为从左到右.

思路：此题可使用初参数方程解，且不会太难，主要难在计算麻烦. 这道题不仅可以用初参数法解，还可以借用逐段钢化的思想和初参数解法联合起来去求结果. 此外请注意，初参数方程不能从有均布荷载的一段向没有均布荷载的一段积分.

习题 10-3

解：

先根据静力平衡条件，求各支座反力.

$$\sum F_y = 0 \,, \quad F_A + F_C - w_0 \cdot \frac{2L}{3} = 0$$

$$\sum M_A = 0 \,, \quad \frac{w_0}{9} \cdot L^2 - w_0 \cdot \left(\frac{2L}{3}\right)^2 + F_C \cdot \frac{2L}{3} = 0$$

可得 $F_A = \frac{w_0 L}{6}$，$F_C = \frac{w_0 L}{2}$．

则 $M(x) = \frac{w_0 L}{6} \cdot x + \frac{w_0 L}{2} \cdot \langle x - \frac{2L}{3} \rangle - w_0 \cdot \frac{1}{2} \langle x - \frac{L}{3} \rangle^2 \quad (0 < x < L)$．

根据 $w'' = \frac{-M(x)}{EI}$ 得 $-EIw'' = M(x) = \frac{w_0 L}{6} \cdot x + \frac{w_0 L}{2} \cdot \langle x - \frac{2L}{3} \rangle - w_0 \cdot \frac{1}{2} \langle x - \frac{L}{3} \rangle^2$，则

$$-EIw' = \frac{w_0 L}{6} \cdot \frac{x^2}{2!} + \frac{w_0 L}{2} \cdot \frac{\langle x - \frac{2L}{3} \rangle^2}{2!} - w_0 \cdot \frac{1}{3!} \langle x - \frac{L}{3} \rangle^3 - ELw_0'$$

$$-EIw = \frac{w_0 L}{6} \cdot \frac{x^3}{3!} + \frac{w_0 L}{2} \cdot \frac{\langle x - \frac{2L}{3} \rangle^3}{3!} - w_0 \cdot \frac{1}{4!} \langle x - \frac{L}{3} \rangle^4 - ELw_0' x - ELw_0$$

边界条件：当 $x_1 = 0$ 时，$w = 0$；当 $x_2 = \frac{2L}{3}$ 时，$w = 0$；

联立上式可以解得 $w_0 = 0$，$w_0' = \frac{5w_0 L^3}{432EI}$，则挠曲线方程为

$$-EIw = \frac{w_0 L}{6} \cdot \frac{x^3}{3!} + \frac{w_0 L}{2} \cdot \frac{\langle x - \frac{2L}{3} \rangle^3}{3!} - w_0 \cdot \frac{1}{4!} \langle x - \frac{L}{3} \rangle^4 - \frac{5w_0 L^3}{432} x$$

$$w = \frac{-w_0 L}{6EI} \cdot \frac{x^3}{3!} - \frac{w_0 L}{2EI} \cdot \frac{\langle x - \frac{2L}{3} \rangle^3}{3!} + \frac{w_0}{EI} \cdot \frac{1}{4!} \langle x - \frac{L}{3} \rangle^4 + \frac{5w_0 L^3}{432EI} x$$

思路：求整个梁的挠曲线方程，需要用初参数法（积分法）．解题步骤：求支反力，算弯矩方程，根据 $w'' = \frac{-M(x)}{EI}$ 来积分，再根据边界条件计算出转角方程和挠度方程．

习题 10–4

解：

$$M(x) = (PL + F)x + \left(M_0 - FL - \frac{PL^2}{2}\right) - \frac{Px^2}{2}$$

$$-EIw'' = M(x)$$

$$w'' = \frac{-1}{EI}\left[(PL + F)x + \left(M_0 - FL - \frac{PL^2}{2}\right) - \frac{Px^2}{2}\right]$$

$$-EIw' = -\frac{Px^3}{3!} + \frac{(PL + F)x^2}{2!} + \left(M_0 - FL - \frac{PL^2}{2}\right)x - EIw_0'$$

$$-EIw = -\frac{Px^4}{4!} + \frac{(PL + F)x^3}{3!} + \left(M_0 - FL - \frac{PL^2}{2}\right)\frac{x^2}{2!} - EIw_0' x - EIw_0$$

$$x = 0 \,, \quad w(x = 0) = 0 \,, \quad w'(x = 0) = 0$$

$$w = \frac{1}{EI}\left[\frac{Px^3}{4!} - \frac{(PL + F)x^2}{3!} - \left(M_0 - FL - \frac{PL^2}{2}\right)\frac{x^2}{2!}\right]$$

$$w' = \frac{1}{EI}\left[\frac{Px^3}{3!} - \frac{(PL + F)x^2}{2!} - \left(M_0 - FL - \frac{PL^2}{2}\right)x\right]$$

$$\because y = Ax^4$$

$$\therefore \begin{cases} PL + F = 0 \\ M_0 - FL - \dfrac{PL^2}{2} = 0 \\ \dfrac{P}{24EI} = A \end{cases}$$

$$\therefore \begin{cases} F = -PL = -24EIAL \\ M = -12EIAL^2 \end{cases}$$

习题 10-5

解：

（1）如图 10-11 所示，根据题意画出示意图：

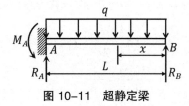

图 10-11　超静定梁

以 R_B 来表示解除约束后 B 处的支座反力．

从右往左进行分析：由 $\Sigma F_Y = 0$，可知 $R_A + R_B = qL$，

$$M(x) = R_B x - \frac{1}{2}qx^2 (0 \le x \le L)$$

由位移协调条件可知，B 处的位移为 0，则由卡氏定理可知

$$\int_0^L \frac{M(x)}{EI} \cdot \frac{\partial M(x)}{\partial R_B} dx = \frac{1}{EI} \int_0^L \left(R_B x - \frac{1}{2}qx^2 \right) \cdot x dx = 0$$

$$R_B = \frac{3qL}{8} \quad R_A = \frac{5qL}{8}$$

由 $\Sigma M_A = 0$ 可知，$M_A + R_B L - \frac{1}{2}qL^2 = 0$，$M_A = \frac{1}{8}qL^2$.

（2）

$$-EIw'' = -M_A x^0 + F_A x^1 - \frac{q}{2!}x^2$$

积分两次，代入边界条件

$$x = 0, \ w(0) = 0, \ w'(0) = 0; \ x = L, \ w(L) = 0$$

$$w(x) = \frac{q}{EI}\left(-\frac{1}{16}l^2 x^2 + \frac{5}{48}lx^3 - \frac{1}{24}x^4 \right)$$

所以挠曲线方程为

$$w(x) = \frac{q}{EI}\left(-\frac{1}{16}l^2 x^2 + \frac{5}{48}lx^3 - \frac{1}{24}x^4 \right)$$

习题 10–6

解:

图 10-7 为超静定结构. 解除 C 支座约束，用支反力代替 F_C，便变为静定结构，根据静力平衡和对称结构可得

$$\sum F_y = 0; \ F_A = F_B$$

则

$$F_A = F_B = \frac{qL}{2} - \frac{Fc}{2}$$

由于其结构的对称性，则求一半即可，即 $0 \le x \le \frac{L}{2}$，x 从左往右

$$M(x) = F_A \langle x - 0 \rangle - \frac{q}{2} \langle x - 0 \rangle^2 = \left(\frac{qL}{2} - \frac{F_c}{2} \right) x - \frac{q}{2} x^2$$

又因为 $V_\varepsilon = \int \frac{F_N^2}{2EA} dx + \int \frac{M^2}{2EI} dx + \int \frac{T^2}{2GI_p} dx$，所以代入可得总应变能为

$$V_\varepsilon = 2 \int_0^{\frac{L}{2}} \frac{M^2(x)}{2EI} dx$$

$$\frac{\partial M(x)}{\partial F_c} = \frac{-x}{2}$$

$$\Delta_c = \frac{\partial V_\varepsilon}{\partial F_c} = 0$$

即

$$\Delta_c = \frac{\partial V_\varepsilon}{\partial F_c} = 2 \int_0^{\frac{L}{2}} \frac{M(x) \frac{\partial M(x)}{\partial F_c}}{EI} dx = 2 \int_0^{\frac{L}{2}} \frac{\left[\left(\frac{qL}{2} - \frac{F_c}{2} \right) x - \frac{q}{2} x^2 \right] * \left(-\frac{x}{2} \right)}{EI} dx = 0$$

则

$$F_c = \frac{5qL}{8}$$

此时 $0 \le x \le L$ 上弯矩方程为

$$M(x) = \left(\frac{qL}{2} - \frac{F_c}{2} \right) \langle x - 0 \rangle + F_c \langle x - \frac{L}{2} \rangle - \frac{q}{2} \langle x - 0 \rangle^2 = \left(\frac{qL}{2} - \frac{F_c}{2} \right) x + F_c \langle x - \frac{L}{2} \rangle - \frac{q}{2} x^2$$

已知 $w'' = -\frac{M}{EI}$，即

$$-EIw'' = \left(\frac{qL}{2} - \frac{F_c}{2} \right) x + F_c \langle x - \frac{L}{2} \rangle - \frac{q}{2} x^2$$

积分可得

$$-EIw'(x) = \frac{3qL}{16} * \frac{x^2}{2!} + \frac{5qL}{8} * \frac{\langle x - \frac{L}{2} \rangle^2}{2!} - \frac{q}{3!} x^3 - EIw_0'$$

$$-EIw(x) = \frac{3qL}{16} * \frac{x^3}{3!} + \frac{5qL}{8} * \frac{\langle x - \frac{L}{2} \rangle^3}{3!} - \frac{q}{4!} x^4 - EIw_0' x - EIw_0$$

代入边界条件

$$x = 0, \ w(0) = 0; x = L, \ w(L) = 0; \ x = \frac{L}{2}, \ w'\left(\frac{L}{2} \right) = 0$$

得

$$w_0' = \frac{qL^3}{384}, \quad w_0 = 0$$

则 $w(x)$ 的表达式为

$$w(x) = \frac{-1}{EI}\left[\frac{3qL}{16} * \frac{x^3}{3!} + \frac{5qL}{8} * \frac{\langle x - \frac{L}{2}\rangle^3}{3!} - \frac{q}{4!}x^4 - \frac{qL^3}{384}EI\,x\right]$$

习题 10-7

解：

如图 10-12 所示：

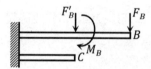

图 10-12　部分组合梁 BC

在数值上 $F'_B = F_B = F''_B$，则

$$a = \Delta_1 + \Delta_2 = \frac{F'_B L^3}{3EI} + \frac{M_B L^2}{2I}$$

$$= \frac{F_B L^3}{3EI} + \frac{F_B L^3}{2EI} = \frac{5F_B L^3}{6EI}$$

则 $F_B = \frac{6EIa}{5L^3}$.

其中 $\Delta_B = \frac{F_B(2L)^3}{3EI} = \frac{16a}{5}$.

如图 10-13 所示：

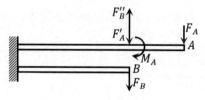

图 10-13　部分组合梁 AB

则

$$a + \Delta_B = \Delta_3 + \Delta_4 = \frac{(F'_A - F''_B)L^3}{3EI} + \frac{M_A L^2}{2EI}$$

$$= \frac{(F'_A - F_B)(2L)^3}{3EI} + \frac{F_A L * (2L)^2}{2EI}$$

则可以得出

$$F_A = \frac{111EIa}{70L^3}$$

思路： 解此题可以用初参数方程法，但较为麻烦，最简单的方法为平移 F 的位置. 这里需要注意的是只有 F 由自由端向固定端平移有效，不能由固定端向自由端移动.

习题 10-8

解：

（1）未接触前，上梁截面 A 点的挠度为

$$w_A = \frac{F\left(\frac{L}{3}\right)^3}{3EI} + \frac{F\left(\frac{L}{3}\right)^2}{2EI} * \frac{2L}{3} = \frac{4FL^3}{81EI}$$

当 $w_A = \frac{4FL^3}{81EI} = \delta$ 时，梁端 A 与 B 开始接触，相应的荷载为 $F_1 = \frac{81\delta EI}{4L^3}$.

（2）如图 10-14 所示：

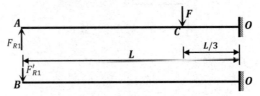

图 10-14　梁端 A 点与 B 点接触

当荷载继续增大时（$F > F_1$），梁端 A 点与 B 点开始接触，之间产生相互作用力 F_{R1}. 这时，梁端 A 与 B 的挠度分别为 $w_A = \frac{4FL^3}{81EI} - \frac{F_{R1}L^3}{3EI}$，$w_B = \frac{F_{R1}L^3}{3EI}$ ；梁端 A 点与 B 点的转角分别为

$$\theta_A = \frac{F\left(\frac{L}{3}\right)^2}{2EI} - \frac{F_{R1}L^2}{2EI} = \frac{FL^2}{18EI} - \frac{F_{R1}L^2}{2EI}, \quad \theta_B = \frac{F'_{R1}L^2}{2EI}$$

当 $w_A = w_B + \delta$，$\theta_A = \theta_B$ 时，梁端 A 点与 B 点接触状态结束，此时满足

$$\frac{4FL^3}{81EI} - \frac{F_{R1}L^3}{3EI} = \frac{F'_{R1}L^3}{3EI} + \delta, \quad \frac{FL^2}{18EI} - \frac{F_{R1}L^2}{2EI} = \frac{F'_{R1}L^2}{2EI}$$

联立上式，求解，可得 $F_2 = \frac{81\delta EI}{L^3}$.

（3）当载荷继续增大时（$F > F_2$），二梁将保持区段接触，但其间不存在分布压力，否则，接触区段的弯矩将不相同，因此弯曲变形也不相同，两段梁将不可能恰好贴合，因此，仅在接触区的右端点处（即截面 D 和 D'）存在集中接触力 F_{R2}，接触梁段将保持直线. 受力分析如图 10-15 所示：

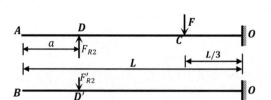

图 10-15　上下梁开始贴合

由此得到变形协调条件（接触点 D 的边界状态条件）为

$$w_D = w_{D'} + \delta, \ \theta_D = \theta_{D'}$$

当荷载 $F = \frac{3}{2}F_2$ 时，设上下两梁接触区段的长度为 a，由叠加法可得

（此处使用的是逐段钢化法，与习题 10-7 参考答案所用力平移方法略有不同）

$$w_D = \frac{F\left(\frac{L}{3}\right)^3}{3EI} + \frac{F\left(\frac{L}{3}\right)^2}{2EI} \cdot \left(\frac{2}{3}L - a\right) - \frac{F_{R2}(L-a)^3}{3EI}$$

$$= \frac{FL^2(8L - 9a)}{162EI} - \frac{F_{R2}(L-a)^3}{3EI} = \frac{3\delta}{4L}(8L - 9a) - \frac{F_{R2}(L-a)^3}{3EI}$$

$$w_{D'} = \frac{F'_{R2}(L-a)^3}{3EI}$$

$$\theta_D = \frac{F\left(\frac{L}{3}\right)^2}{2EI} - \frac{F_{R2}(L-a)^2}{2EI} = \frac{27\delta}{4L} - \frac{F_{R2}(L-a)^2}{2EI}, \ \theta_{D'} = \frac{F'_{R2}(L-a)^2}{2EI}$$

在数值上 $F_{R2} = F'_{R2}$，

于是

$$\frac{3\delta}{4L}(8L - 9a) - \frac{F_{R2}(L-a)^3}{3EI} = \frac{F_{R2}(L-a)^3}{3EI} + \delta$$

$$\frac{27\delta}{4L} - \frac{F_{R2}(L-a)^2}{2EI} = \frac{F_{R2}(L-a)^2}{2EI}$$

联立解得 $a = \frac{2L}{9}$.

第 11 章　应力应变方面的基本概念

正　文

11.1　主平面

单元体上切应力为零（或不存在）的平面.

11.2　主方向

主平面存在的方向（用主平面外法线与某固定方向的夹角 a_0 表示）.

11.3　主应力

主平面上的正应力，其个数可以用来判断单元体所处的应力状态.

11.4　静水应力状态

三个主应力相等的状态，即 $\sigma_1 = \sigma_2 = \sigma_3 = \sigma_m$.

偏应力，各个方向上的主应力减去平均应力值，即 $\sigma'_1 = \sigma_1 - \sigma_m$，$\sigma'_2 = \sigma_2 - \sigma_m$，$\sigma'_3 = \sigma_3 - \sigma_m$，其中 $\sigma_m = \frac{\sigma_1 + \sigma_2 + \sigma_3}{3}$）.

11.5　应力状态分析方法

11.5.1　解析法（常用于三向受力）

利用应力矩阵（三阶对称矩阵）求解，其特征值即为主应力的值（具体见下面的内容）.

11.5.2　应力圆（常用于双向受力），主切应力

$$\tau_{12} = \frac{\sigma_1 - \sigma_2}{2}, \quad \tau_{13} = \frac{\sigma_1 - \sigma_3}{2}, \quad \tau_{23} = \frac{\sigma_2 - \sigma_3}{2}$$

（注意区分切应力 τ 的极值和最值）

应力圆和单元体的关系：圆上一点，体上一面；圆心夹角，体上一半（转向相同）.

11.6　主应力迹线

11.6.1　主应力迹线是指具有下述性质的曲线

此曲线在每一点的切线方向均与该点处的主应力方向重合 . 利用应力圆求出梁内不同点处的主应力方向，根据这些即可画出主应力迹线 .

11.6.2　迹线的切线与主应力方向相同 [1]

即 $\dfrac{\mathrm{d}\sigma_a}{\mathrm{d}(2a)}= 0$，$\tau_\alpha = \dfrac{\sigma_x - \sigma_y}{2}\sin 2\alpha + \tau_{xy}\cos 2\alpha = 0$，则主应力的方向为 $\tan 2\alpha = \dfrac{-2\tau_{xy}}{\sigma_x - \sigma_y}$，即 $\alpha = \dfrac{1}{2}\arctan\dfrac{-2\tau_{xy}}{\sigma_x - \sigma_y}$.

习　题

习题 11–1：

如图 11-1 所示，一直角等腰三角形结构 ABC，其直角边 AB、AC 的长度为 a，应变为 ε_1；斜边 BC 的应变为 $-\varepsilon_2$.

试证明：

（1）三角形的高 h 的应变 $\varepsilon \cong 2\varepsilon_1 + \varepsilon_2$；

（2）直角 BAC 的剪应变 $\gamma \cong 2(\varepsilon_1 + \varepsilon_2)$.

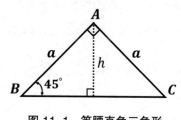

图 11–1　等腰直角三角形

---

[1]　史厚强：《梁的主应力迹线及其绘制》，载《宁夏工学院学报》1996 年第 S1 期，第 458—461 页 .

习题 11-2:

如图 11-2 所示,一悬臂梁长 $L = 10m$,高 $h = 1m$,宽 $b = 0.5m$,在自由端承受集中力 $P = 400N$. A 点位于距固定端为 $5m$、距上缘 $0.25m$ 的外表面上,材料的弹性模量为 $E = 1MPa$,泊松比为 $\mu = 0.25$.

试求:

(1) A 点的主应力大小及方向;

(2) 过 A 点的主应力迹线的微分方程及定解条件.

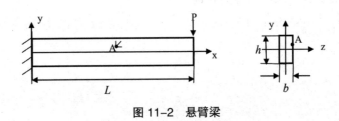

图 11-2 悬臂梁

习题参考答案

习题 11-1

解:

(1) 证明 $\varepsilon \cong 2\varepsilon_1 + \varepsilon_2$

取 BC 的中点为 M 点,设 AB 杆和 BC 杆的伸长量分别为 ΔL_{AB} 和 ΔL_{BC},如图 11-3 所示,则有 $\Delta L_{AB} = \varepsilon_1 \cdot L_{AB} = a\varepsilon_1$, $\Delta L_{BC} = (-\varepsilon_2) \cdot L_{BC} = -\sqrt{2}a\varepsilon_2$, $\Delta L_{BM} = \frac{\Delta L_{BC}}{2} = -\frac{\sqrt{2}a\varepsilon_2}{2}$.

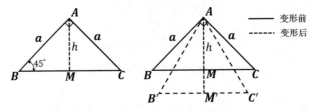

图 11-3 变形前后分析

则变形后的 AB′ 杆和 B′M′ 杆的长度为

$$L_{AB'} = L_{AB} + \Delta L_{AB} = (1 + \varepsilon_1)a$$

$$L_{B'M'} = L_{BM} + \Delta L_{BM} = (1 - \varepsilon_2)\frac{\sqrt{2}a}{2}$$

根据勾股定理可知变形后 AM′ 的长度 $L_{AM'}^2 = L_{AB'}^2 - L_{B'M'}^2$，则有

$$L_{AM'}^2 = [(1 + \varepsilon_1)a]^2 - \left[(1 - \varepsilon_2)\frac{\sqrt{2}a}{2}\right]^2 = [2(1 + \varepsilon_1)^2 - (1 - \varepsilon_2)^2]\frac{a^2}{2}$$

$$= (1 + 4\varepsilon_1 + 2\varepsilon_2 + 2\varepsilon_1^2 - \varepsilon_2^2)\frac{a^2}{2}$$

根据定义可知 $\varepsilon_h = \frac{\Delta L_{AM}}{L_{AM}} = \frac{L_{AM'} - L_{AM}}{L_{AM}}$，则有

$$\varepsilon_h = \frac{\sqrt{(1 + 4\varepsilon_1 + 2\varepsilon_2 + 2\varepsilon_1^2 - \varepsilon_2^2)\frac{a^2}{2}} - \frac{\sqrt{2}}{2}a}{\frac{\sqrt{2}}{2}a} = \sqrt{1 + 4\varepsilon_1 + 2\varepsilon_2 + 2\varepsilon_1^2 - \varepsilon_2^2} - 1$$

根据等价无穷小（在 $x \to 0$ 时，$(1 + x)^a - 1 \sim ax$），并且略去二阶无穷小量可得

$$\varepsilon_h = \sqrt{1 + 4\varepsilon_1 + 2\varepsilon_2 + 2\varepsilon_1^2 - \varepsilon_2^2} - 1 = \frac{1}{2}(4\varepsilon_1 + 2\varepsilon_2 + 2\varepsilon_1^2 - \varepsilon_2^2) \sim 2\varepsilon_1 + \varepsilon_2$$

故有 $\varepsilon_h \cong 2\varepsilon_1 + \varepsilon_2$ 得证．

（2）证明 $\gamma \cong 2(\varepsilon_1 + \varepsilon_2)$

根据剪应变的定义可知，欲求 $\angle BAC$ 的剪应变 γ，即求 $\angle BAC$ 在变形前后的改变量，由于结构的对称性，则有关系

$$\gamma = \angle BAB' + \angle CAC' = 2 \angle BAB'$$

为了方便研究，此处选取 ABM 结构进行研究，如图 11-4 所示：

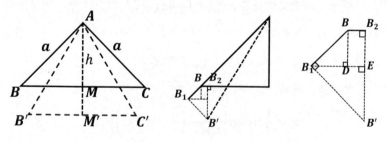

图 11-4　ABM 结构分析

易知局部变形中，AB 杆伸长，BM 杆缩短，且满足变形协调关系（即拉压超静定问题中的以直代曲思想），则有关系 $BB_1 = |\Delta L_{AB}| = a\varepsilon_1$；$BB_2 = |\Delta L_{BM}| = \frac{\sqrt{2}}{2}a\varepsilon_2$，根据几何关系可知

$$B_1B' = \sqrt{2}B_1E = \sqrt{2}(B_1D + DE) = \sqrt{2}\left(\frac{BB_1}{\sqrt{2}} + BB_2\right) = BB_1 + \sqrt{2}BB_2$$

故有 $B_1B' = a\varepsilon_1 + a\varepsilon_2 = (\varepsilon_1 + \varepsilon_2)a$，考虑到数学关系（此处根据小变形假设 $AB_1 \cong AB$）

$$\tan\angle BAB' = \frac{B_1B'}{AB_1} \cong \frac{B_1B'}{AB} = \frac{(\varepsilon_1 + \varepsilon_2)a}{a} = \varepsilon_1 + \varepsilon_2$$

进一步近似计算可得到

$$\angle BAB' = \tan \angle BAB' = \varepsilon_1 + \varepsilon_2$$

故 $\gamma = 2 \angle BAB' = 2(\varepsilon_1 + \varepsilon_2)$，得证．

思路： 对应变单元几何方面的考查，类似于小变形．这个证明方法真的很精妙，建议自己多推导几遍．

习题 11-2

解：

（1）A 点作用的正应力 $\sigma = \dfrac{My}{I_z} = \dfrac{P \cdot \frac{L}{2}}{I} \times 0.25 = \dfrac{400 \times 5 \times 0.25}{\frac{0.5 \times 1^3}{12}} = 12000Pa$，

切应力 $\tau = \dfrac{PS_z^*}{Ib} = \dfrac{P \times b \times \frac{h}{4} \times \frac{3h}{8}}{\frac{b \times h^3}{12} \times b} = \dfrac{400 \times 0.5 \times \frac{1}{4} \times \frac{3}{8}}{\frac{0.5 \times 1^3}{12} \times 0.5} = 900Pa$，

则根据求主应力公式 $\begin{cases} \sigma_{max} \\ \sigma_{min} \end{cases} = \dfrac{\sigma_x + \sigma_y}{2} \pm \sqrt{\left(\dfrac{\sigma_x - \sigma_y}{2}\right)^2 + \tau_{xy}^2} = \begin{cases} 12067Pa \\ -67Pa \end{cases}$．

不难看出主应力 $\sigma_1 = 12067Pa$，$\sigma_2 = 0$，$\sigma_3 = -67Pa$．

根据主应力的概念，则主应力 σ_1 所在主平面位置的方位角为

$$2\alpha_0 = \arctan\left(\dfrac{-2\tau_{xy}}{\sigma_x - \sigma_y}\right)$$

则主应力 σ_1 在 $a_0 = -4.27°$ 的平面上，主应力 σ_3 在 $a_0 = -94.27°$ 的平面上．

（2）方位角公式为

$$\alpha_0 = \dfrac{1}{2}\arctan\left(\dfrac{-2\tau_{xy}}{\sigma_x - \sigma_y}\right)$$

其中 $\tau_{xy} = \dfrac{FS^*}{I_z b}$，并且根据定义的计算式 $S_z = \int y \, dA$，代入式中计算，即可得任一线以上部分和以下部分对形心轴 z 的静矩都为 $S_{Z1} = \int_y^{h/2} y \, dA = \int_y^{h/2} y b \, dy = \dfrac{b}{2}\left(\dfrac{h^2}{4} - y^2\right)$，则

$$\tau_{xy}(x) = \dfrac{F}{2I_z}\left(\dfrac{h^2}{4} - y^2(x)\right)$$

且因为是单向弯曲状态，所以 $\sigma_x - \sigma_y = \sigma_x = \dfrac{My(x)}{I_z}$，所以

$$\alpha_0 = \dfrac{1}{2}\arctan\left[\dfrac{-F}{My(x)}\left(\dfrac{h^2}{4} - y^2(x)\right)\right]$$

（过 A 点的迹线微分方程，直接把值代入即可，此处略写）

定解条件为：悬臂梁固定端 $M(0) = PL$，$F(0) = P$；自由端 $M(L) = 0$，$F(L) = P$．

思路： 第一问是对主应力的理解，这类题考查较多，应该熟练掌握．第二问是对迹线的考查，这部分偏难．

画图时需要注意所有的主应力迹线与梁的中性层的角度均为 $45°$，在梁的上线边缘处主应力迹线与梁轴线平行或垂直，两组主应力迹线交点处的切线相互垂直．拉应力为实线，压应力为虚线．

第 12 章　应力矩阵

正　文

一点处的应力值，可以写为以下样式

$$\begin{bmatrix} \sigma_x & \tau_{yx} & \tau_{zx} \\ \tau_{xy} & \sigma_y & \tau_{zy} \\ \tau_{xz} & \tau_{yz} & \sigma_z \end{bmatrix}$$

因为 $\tau_{xy} = \tau_{yx}$，$\tau_{xz} = \tau_{zx}$，$\tau_{yz} = \tau_{zy}$ 则 9 个应力张量中只有 6 个独立分量.

应力矩阵为弹性力学里面的内容，所以其切应力的正负是根据弹性力学的要求，即正面的正方向应力为正，正面的负方向应力为负来判断的. 即 τ_{xy}，τ_{yx} 同正同负. 而且不管正负对最终的主应力大小都没有影响.

【例题 i 】

求解一般情况下三个主应力的算式 [1]

$$\begin{bmatrix} \sigma_x & \tau_{yx} & \tau_{zx} \\ \tau_{xy} & \sigma_y & \tau_{zy} \\ \tau_{xz} & \tau_{yz} & \sigma_z \end{bmatrix}$$

解：

令该矩阵为 A，令 $\alpha = \begin{bmatrix} l \\ m \\ n \end{bmatrix}$（$l$、$m$、$n$ 为一个主应力的方向余弦，$l = \cos a_1$，$m = \cos a_2$，$n = \cos a_3$），

则解 $A\alpha = \lambda\alpha$，即 $(A - \lambda E)\alpha = 0$.

则解其特征值 $\begin{bmatrix} \sigma_x - \sigma_N & \tau_{yx} & \tau_{zx} \\ \tau_{xy} & \sigma_y - \sigma_N & \tau_{zy} \\ \tau_{xz} & \tau_{yz} & \sigma_z - \sigma_N \end{bmatrix} = 0$，即得

$$(\sigma_x - \sigma_N)(\sigma_y - \sigma_N)(\sigma_z - \sigma_N) + 2\tau_{xy}\tau_{yz}\tau_{zx} - (\sigma_x - \sigma_N)\tau_{yz}^2 - (\sigma_y - \sigma_N)\tau_{zx}^2 - (\sigma_z - \sigma_N)\tau_{xy}^2 = 0$$

令上式为 $f(\sigma_N)$，其式子的三个根就是主应力的值.

---

[1]　耶格、库克：《岩石力学基础》，中国科学院工程力学研究所译，科学出版社 1981 年版，第 24 页.

【例题 ii】

空间纯剪切应力状态，已知各切应力分量均相等，即 $\tau_{xy} = \tau_{yz} = \tau_{zx}$. 试求该单元体的主应力？

解：

由题可知 $\sigma_x = \sigma_y = \sigma_z = 0$，$\tau_{xy} = \tau_{yz} = \tau_{zx} = \tau$.

则可得应力矩阵为 $\begin{bmatrix} 0 & \tau & \tau \\ \tau & 0 & \tau \\ \tau & \tau & 0 \end{bmatrix}$，令该矩阵为 A，令 $\alpha = \begin{bmatrix} L \\ m \\ n \end{bmatrix}$，

则解 $Aa = \lambda a$，即 $(A - \lambda E)a = 0$.

则解其特征值 $\begin{bmatrix} -\lambda & \tau & \tau \\ \tau & -\lambda & \tau \\ \tau & \tau & -\lambda \end{bmatrix} = (2\tau - \lambda)(\tau + \lambda)(\tau + \lambda) = 0$.

可得三个特征值为 $\lambda_1 = 2\tau$，$\lambda_2 = -\tau$，$\lambda_3 = -\tau$.

由定义可知 λ_1、λ_2、λ_3 分别代表了三个主应力 σ_1、σ_2、σ_3.

根据大小来排序，即

$$\sigma_1 = 2\tau, \quad \sigma_2 = -\tau, \quad \sigma_3 = -\tau$$

【例题 iii】切应力互等定理的证明

切应力互等定理：两个**相互垂直**平面上的切应力数值相等，方向同时指向和背离这两个面的交线.

（1）推导二维问题的切应力互等定理；

（2）推导三维问题的切应力互等定理.

解：

（1）如图 12-1 所示：

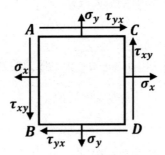

图 12-1　平面纯剪切应力状态下的单元体

可用平面纯剪切应力状态下的单元体来证明.

对某一点取矩（此处取的是 A 点），根据静力平衡，得 A 点处力矩 $M(A) = 0$，即

$$(\tau_{yx} \cdot dx)dy - (\tau_{xy} \cdot dy)dx = 0$$

则可得 $\tau_{xy} = \tau_{yx}$，即切应力互等.

（2）如图 12-2 所示：

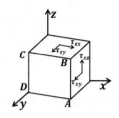

图 12-2　空间纯剪切应力状态下的单元体

可用空间纯剪切应力状态下的单元体（图中并没有把切应力全标出）来证明．

对某一边取矩（此处取的是 AB 边），根据静力平衡得 AB 边力矩 $M(\text{AB}) = 0$，即

$$(\tau_{xy}dydz)dx - (\tau_{yx}dxdy)dz = 0$$

则可得 $\tau_{xy} = \tau_{yx}$，即切应力互等．

【例题 iv】

求三个应力不变量．

解：

通过之前的推导，已知

$(\sigma_x - \sigma_N)(\sigma_y - \sigma_N)(\sigma_z - \sigma_N) + 2\tau_{xy}\tau_{yz}\tau_{zx} - (\sigma_x - \sigma_N)\tau_{yz}^2 - (\sigma_y - \sigma_N)\tau_{zx}^2 - (\sigma_z - \sigma_N)\tau_{xy}^2 = 0$

令上式为 $f(\sigma_N)$，其式子的三个根就是主应力的值．

拆分，改式子，则令 $f(\sigma_N) = \sigma_N^3 - I_1\sigma_N^2 - I_2\sigma_N^1 - I_3 = 0$.

因为单元体主应力的值并不会随着选取的截面方向而改变，即与 σ_x 等的选取无关，所以此三次方程的系数也与坐标轴的选取方向无关，即 I_1、I_2、I_3 对于一个确定的受力单元体来说，是定值．

其中 I_1、I_2、I_3 分别为第一不变量、第二不变量、第三不变量

$$I_1 = \sigma_x + \sigma_y + \sigma_z = trA = \sigma_1 + \sigma_2 + \sigma_3$$
$$I_2 = (\sigma_x\sigma_y + \sigma_y\sigma_z + \sigma_z\sigma_x) - [\tau_{yz}^2 + \tau_{zx}^2 + \tau_{xy}^2]$$
$$I_3 = \begin{vmatrix} \sigma_x & \tau_{yx} & \tau_{zx} \\ \tau_{xy} & \sigma_y & \tau_{zy} \\ \tau_{xz} & \tau_{yz} & \sigma_z \end{vmatrix} = |A| = \lambda_1 \cdot \lambda_2 \cdot \lambda_3$$

【例题 v】

静水压力和体积变化有什么关系？

解：

（1）静水压力指的是三个主应力相等的应力状态，即 $\sigma_1 = \sigma_2 = \sigma_3 = \sigma_m$，在应力圆上表示为点圆（半径为 0 的圆），

其应力状态可以通过主应力张量表示为 $\begin{bmatrix} \sigma_m & 0 & 0 \\ 0 & \sigma_m & 0 \\ 0 & 0 & \sigma_m \end{bmatrix}$.

（2）对各向同性的材料，在静水压力下各个方向上的应变是一样的

$$\varepsilon_1 = \varepsilon_2 = \varepsilon_3 = \frac{1}{E}[\sigma_m - \mu(\sigma_m + \sigma_m)] = \frac{1-2\mu}{E}\sigma_m$$

体积应变为 $\varepsilon_v = \varepsilon_1 + \varepsilon_2 + \varepsilon_3 = \frac{3(1-2\mu)}{E}\sigma_m$.

也可以表示为 $\varepsilon_v = \frac{\sigma_m}{K}$，其中 K 称为体积模量，其值为 $K = \frac{E}{3(1-2\mu)}$.

极端情况：当 $\mu = 0.5$ 时，K 为无穷大，体积应变为 $\varepsilon_v = 0$. 这种材料被称为不可压缩材料.

【例题 vi】

关于剪切模量表达式的证明

$$G = \frac{E}{2(1+\mu)}$$

解：

（1）广义胡克定律证明方法

思路：利用单元体的纯剪切应力状态及主应力状态（以同一个受力单元体的两种称呼不同的应力状态来看待），然后分别计算某处的线应变（常取角度 $\alpha = \pm 45°$），联立（因为是同一个单元体，所以空间上的变形应该是一致的），得出表达式.

如图 12-3 所示：

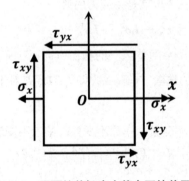

图 12-3 平面纯剪切应力状态下的单元体

在纯剪切应力状态下，可得其各面上的应力值，即

$$\sigma_x = \sigma_y = \sigma_z = 0, \ \tau_{xy} = \tau$$

由广义胡克定律可知，该单元体沿 x 方向和 y 方向的线应变为

$$\varepsilon_x = \frac{1}{E}[\sigma_x - \mu(\sigma_y + \sigma_z)] = 0$$

$$\varepsilon_y = \frac{1}{E}[\sigma_y - \mu(\sigma_z + \sigma_x)] = 0$$

如图 12-4 所示：

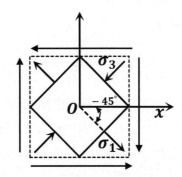

图 12-4   平面正应力作用下的单元体

在主应力状态下，可得其各面上的应力值，即

$$\sigma_1 = \tau, \ \sigma_2 = 0, \ \sigma_3 = -\tau, \ \tau_{xy} = 0$$

σ_1 方向的线应变为

$$\varepsilon_1 = \frac{1}{E}[\sigma_1 - \mu(\sigma_2 + \sigma_3)] = \frac{(1+\mu)\tau}{E}$$

根据平面应力状态下的应变公式

$$\varepsilon_\alpha = \frac{\varepsilon_x + \varepsilon_y}{2} + \frac{\varepsilon_x - \varepsilon_y}{2}\cos 2\alpha - \frac{\gamma_{xy}}{2}\sin 2\alpha$$

则将图 12-3 中得到的数值代入上式（其中 $\gamma_{xy} = \frac{\tau_{xy}}{G}$），得

$$\varepsilon_{\alpha=-45°} = \frac{\varepsilon_x + \varepsilon_y}{2} + \frac{\varepsilon_x - \varepsilon_y}{2}\cos(-90°) - \frac{\gamma_{xy}}{2}\sin(-90°) = \frac{\tau}{2G}$$

由于这两种应力状态本质上是同一单元的应力状态，则有 $\varepsilon_{a=-45°} = \varepsilon_1$，联立得

$$\frac{(1+\mu)\tau}{E} = \frac{\tau}{2G}$$

可得

$$G = \frac{E}{2(1+\mu)}$$

（2）应变能证明方法

思路：利用同一受力单元体其应变能是固定值来进行联立．

如图 12-3 所示，在平面纯剪切应力状态下，单元体的应变能可以写为

$$V_\varepsilon = \frac{1}{2}\tau\gamma = \frac{1}{2}\tau \cdot \frac{\tau}{G} = \frac{\tau^2}{2G}$$

如图 12-4 所示，在平面主应力状态下，单元体的应变能可以写为

$$V_\varepsilon = \frac{1}{2}[\sigma_1\varepsilon_1 + \sigma_2\varepsilon_2 + \sigma_3\varepsilon_3] = \frac{1}{2}\left[\tau \cdot \frac{(1+\mu)\tau}{E} + (-\tau)\frac{(1+\mu)(-\tau)}{E}\right] = \tau^2\frac{1+\mu}{E}$$

因为本质上是同一个受力单元体，所以应变能数值相同，即 $\frac{\tau^2}{2G} = \tau^2\frac{1+\mu}{E}$，

可得

$$G = \frac{E}{2(1+\mu)}$$

【例题 vii】

求泊松比 μ 的范围，并进行解释．

解：

泊松比的概念：杆件受单轴拉伸或压缩载荷，应力不超过比例极限时，横向应变 ε' 与轴向应变 ε 之比是一常数，可表示为 $\mu = -\dfrac{\varepsilon'}{\varepsilon}$；当杆件轴向伸长时横向缩小，而轴向缩短时横向增大，所以 ε' 和 ε 的正负总是相反的，因此 $\varepsilon' = -\mu\varepsilon$．当泊松比为负值时，即泊松比小于 0，表示杆受拉力变长时，其截面尺寸也在变大，体积增加；材料受压力时，其截面尺寸变小，体积也变小 [1]．

已知

$$V_\varepsilon = \frac{1}{2}[\sigma_1\varepsilon_1 + \sigma_2\varepsilon_2 + \sigma_3\varepsilon_3] = \frac{1}{2E}[\sigma_1^2 + \sigma_2^2 + \sigma_3^2 - 2\mu(\sigma_1\sigma_2 + \sigma_2\sigma_3 + \sigma_3\sigma_1)]$$

因为存在外力做功，所以单元体应变能 V_ε 恒大于 0，所以其二次型也应该为正定二次型，即

$$\begin{bmatrix} 1 & -\mu & -\mu \\ -\mu & 1 & -\mu \\ -\mu & -\mu & 1 \end{bmatrix}$$

为正定矩阵，所以 $1 > 0$，$1 - \mu^2 > 0$，$(1 - 2\mu)(1 + \mu)^2 > 0$．

则不难得出 $-1 < \mu < 0.5$．

（或者由体积模量、杨氏模量、剪切模量和泊松比三者关系 $G = E/2(1+\mu)$，$K = \dfrac{E}{3(1-2\mu)}$，有体积模量、杨氏模量和剪切模量都取正值，得泊松比取值范围为 $-1 < \mu < 0.5$）

综上

$$-1 < \mu < 0.5$$

泊松比 $\mu = 0.5$ 时，材料受压后体积保持不变，即为不可压缩材料，但是这种情况只能出现在理论上，实际生活中没有．

（只要是关于泊松比的试题，上述内容可以直接使用）

[1] LAKES R. "Foam Structures with a Negative Poisson's Ratio", Science, 1987, 235(4792): 1031040. DOI:10.1126/science.235.4792.1038.

习　题

习题 12-1:

如图 12-5 所示，为某点的平面应力状态，主应力分别为 $\sigma_1 = \tau$，$\sigma_3 = -\tau$，在任意 $45°$ 方向都是纯剪切状态，图中所示的菱形在该状态下变成所示虚线，试根据受拉（压）胡克定理和纯剪切应力状态证明 $\tau = G\gamma$ 和 $G = \dfrac{E}{2(1+\mu)}$. 其中 E 为杨氏模量，γ 为切应变，G 为剪切弹性模量.

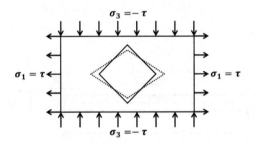

图 12-5　某点平面应力状态

习题 12-2:

构件上某点单元立方体的应力状态如图 12-6 所示（应力单位为 MPa），材料的弹性模量 $E = 200GPa$，泊松比 $\mu = 0.3$.

求：

（1）三个主应力大小及其单位方向向量；

（2）最大剪应力大小；

（3）三个主应变大小及其体积应变；

（4）面对角线 AB 的应变；

（5）按形状改变比能理论求相当应力.

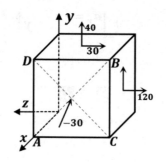

图 12-6　某点单元体应力状态

习题 12-3：

如图 12-7 所示，一悬臂梁长为 L，弹性模量为 E，泊松比为 μ，端部受一弯矩 M 作用，试求在距离中性平面高度为 h_0，且与中性层平行的长度为 a 的线段 AB 的伸长量，并求该梁上半部分的体积变化.

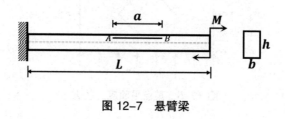

图 12-7　悬臂梁

习题参考答案

习题 12-1

解：

（1）第一种证明方法，全微分法

如图 12-8、12-9 所示：

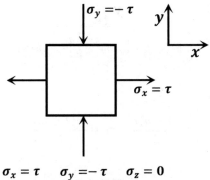

$$\sigma_x = \tau \quad \sigma_y = -\tau \quad \sigma_z = 0$$

图 12-8 单元体应力状态

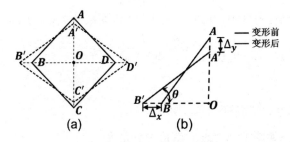

图 12-9 单元体平面变形图

根据几何关系可知 $tan\theta = \frac{y}{x}$.

取全微分

$$d\,tan\,\theta = d\frac{y}{x}$$

$$\frac{1}{cos^2\,\theta}d\theta = \frac{1}{x}dy - \frac{y}{x^2}dx \quad ①$$

切应变的定义式为

$$\gamma = \frac{d\theta}{\theta}\cdot\frac{\pi}{2}$$

正应变的定义式为

$$\varepsilon_x = \frac{dx}{x}, \quad \varepsilon_y = \frac{dy}{y}$$

代入①式

$$\frac{1}{cos^2\,\theta}\cdot\frac{\theta\gamma}{\frac{\pi}{2}} = \frac{1}{x}\cdot\varepsilon_y y - \frac{y}{x^2}\cdot\varepsilon_x x = \frac{y}{x}(\varepsilon_y - \varepsilon_x)$$

因为该模型为菱形，且是小变形，所以

$$\theta \cong \frac{\pi}{4}, \quad x = y$$

即

$$\gamma = \varepsilon_y - \varepsilon_x \quad ②$$

又根据物理关系（胡克定律）

$$\varepsilon_x = \frac{1}{E}\left[\sigma_x - \mu\sigma_y\right], \quad \varepsilon_y = \frac{1}{E}\left[\sigma_y - \mu\sigma_x\right]$$

根据受力分析

$$\sigma_x = \tau, \quad \sigma_y = -\tau$$

得

$$\varepsilon_x = \frac{(1+\mu)\tau}{E}, \quad \varepsilon_y = \frac{-(1+\mu)\tau}{E}$$

代入②式，即可得

$$\gamma = \frac{-2(1+\mu)\tau}{E}$$

当 θ 以减小为正时

$$\gamma = \frac{2(1+\mu)\tau}{E}$$

上式表明，在各向同性材料中，切应变和切应力满足线性关系，此处我们令

$$G = \frac{E}{2(1+\mu)}$$

同时可以得到

$$\tau = G \cdot \gamma$$

（2）第二种证明方法，几何法

取单元体主应力状态如图 12-8 所示，其应力分量为

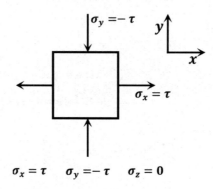

$$\sigma_x = \tau \quad \sigma_y = -\tau \quad \sigma_z = 0$$

图 12-8 单元体应力状态

根据广义拉压胡克定律，并代入数值可得

$$\varepsilon_x = \frac{1}{E}\left[\sigma_x - \mu(\sigma_y + \sigma_z)\right] = \frac{(1+\mu)\tau}{E}$$

$$\varepsilon_y = \frac{1}{E}\left[\sigma_y - \mu(\sigma_z + \sigma_x)\right] = -\frac{(1+\mu)\tau}{E}$$

则为了方便计算，令 $\varepsilon = |\varepsilon_x| = |\varepsilon_y| = \frac{(1+\mu)\tau}{E}$.

如图 12-9-(a) 所示，取局部变形示意图 12-9-(b)：

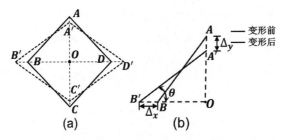

图 12-9　单元体平面变形图

单元体变形前为正方形 ABCD，变形后为菱形 A'B'C'D'，其中有

$$\Delta x = L_{OB}|\varepsilon_x| = L_{OB} \cdot \varepsilon$$

$$\Delta y = L_{OA}|\varepsilon_y| = L_{OA} \cdot \varepsilon$$

则对于 $\angle$ A'B'O $= \theta$，有

$$tan\,\theta = \frac{L_{OA} - \Delta y}{L_{OB} + \Delta x} = \frac{(1-\varepsilon)L_{OA}}{(1+\varepsilon)L_{OB}} = \frac{1-\varepsilon}{1+\varepsilon}, \ \theta = arctan\frac{1-\varepsilon}{1+\varepsilon}$$

故有

$$\angle A'B'C' = 2\angle A'B'O = 2\theta = 2\,arctan\frac{1-\varepsilon}{1+\varepsilon}$$

则单元体的切应变为

$$\gamma = \angle ABC - \angle A'B'C' = \frac{\pi}{2} - 2\theta$$

进而可得（精彩步骤）

$$\frac{\gamma}{2} = \frac{\pi}{4} - \theta$$

将 $\frac{\pi}{4} = arctan\,1$，$\theta = arctan\frac{1-\varepsilon}{1+\varepsilon}$ 代入上式，可得

$$\frac{\gamma}{2} = arctan\,1 - arctan\frac{1-\varepsilon}{1+\varepsilon}$$

则有

$$\frac{\gamma}{2} = arctan\,1 - arctan\frac{1-\varepsilon}{1+\varepsilon} = arctan\frac{1 - \dfrac{1-\varepsilon}{1+\varepsilon}}{1 + \dfrac{1-\varepsilon}{1+\varepsilon}} = arctan\,\varepsilon$$

同时因为 ε 足够小，由此可得 $\frac{\gamma}{2} = arctan\,\varepsilon = \varepsilon$，由于 $\varepsilon = \frac{(1+\mu)\tau}{E}$，

根据 $\varepsilon_x = \frac{1}{E}[\tau - \mu(-\tau)] = \frac{(1+\mu)\tau}{E}$，则

$$\tau = \frac{\varepsilon E}{(1+\mu)} = \frac{E\gamma}{2(1+\mu)}$$

上式表明，在各向同性材料中，切应变和切应力满足线性关系，此处我们令

$$G = \frac{E}{2(1+\mu)}$$

同时可以得到

$$\tau = G \cdot \gamma$$

如此一来，就同时完成了剪切胡克定理以及剪切模量 G 表达式的证明.

（关于公式 $G = \dfrac{E}{2(1+\mu)}$ 的证明见本章节例题 vi，在此不再赘述）

习题 12-2

解：

（1）

a. 方法一，公式法（因为 σ_x 已经是一个主应力了，因此只需算出 zoy 面上的两个主应力即可）：

$$\sigma_z = 120MPa, \quad \sigma_y = 40MPa, \quad \tau_{zy} = -30MPa$$

$$\left.\begin{array}{l}\sigma_{max}\\\sigma_{min}\end{array}\right\} = \frac{\sigma_z + \sigma_y}{2} \pm \sqrt{\left(\frac{\sigma_z - \sigma_y}{2}\right)^2 + \tau_{zy}{}^2} = \begin{cases}130MPa\\30MPa\end{cases}$$

因此按照大小排序

$$\sigma_1 = 130MPa, \quad \sigma_2 = 30MPa, \quad \sigma_3 = -30MPa$$

$$\tan(-2a) = \frac{2\tau_{zy}}{\sigma_z - \sigma_y} = -\frac{3}{4}$$

则 $a = 18.5°$ 或 $108.5°$，根据大致判定，σ_1 为 z 轴在 zoy 平面内逆时针旋转 $18.5°$，σ_2 为 z 轴在 zoy 平面内逆时针旋转 $108.5°$.

σ_1 的单位方向向量为 $\left(0, \dfrac{1}{\sqrt{10}}, \dfrac{3}{\sqrt{10}}\right)$；$\sigma_2$ 的单位方向向量为 $\left(0, \dfrac{3}{\sqrt{10}}, \dfrac{-1}{\sqrt{10}}\right)$；$\sigma_3$ 的单位方向向量为 $(-1, 0, 0)$.

b. 方法二，应力矩阵法（应力矩阵很适合解空间单元体的主应力）.

（2）代入公式

$$\tau_{max} = \frac{\sigma_1 - \sigma_3}{2} = 80MPa$$

（3）根据已知条件，代入广义胡克定律

$$\varepsilon_1 = \frac{1}{E}[\sigma_1 - \mu(\sigma_2 + \sigma_3)] = 6.5 \times 10^{-4}$$

$$\varepsilon_2 = \frac{1}{E}[\sigma_2 - \mu(\sigma_1 + \sigma_3)] = 0$$

$$\varepsilon_3 = \frac{1}{E}[\sigma_3 - \mu(\sigma_1 + \sigma_2)] = -3.9 \times 10^{-4}$$

单元体体积应变

$$\theta = \varepsilon_1 + \varepsilon_2 + \varepsilon_3 = \frac{1 - 2\mu}{E}(\sigma_1 + \sigma_2 + \sigma_3) = 2.6 \times 10^{-4}$$

（4）由于 $\sigma_z = 120MPa$，$\sigma_y = 40MPa$，$\tau_{zy} = -30MPa$，$\sigma_x = -30MPa$，则

$$\varepsilon_z = \frac{1}{E}[\sigma_z - \mu(\sigma_x + \sigma_y)] = 5.84 \times 10^{-4}$$

$$\varepsilon_y = \frac{1}{E}[\sigma_y - \mu(\sigma_z + \sigma_x)] = 6.5 \times 10^{-5}$$

$$G = \frac{E}{2(1 + \mu)}, \quad \gamma_{zy} = \frac{\tau_{zy}}{G} = \frac{2\tau_{zy}(1 + \mu)}{E} = -3.9 \times 10^{-4}$$

则对角线 AB 的应变为

$$\varepsilon_{45°} = \frac{\varepsilon_z + \varepsilon_y}{2} + \frac{\varepsilon_z - \varepsilon_y}{2} \cos 90° - \frac{\gamma_{zy}}{2} \sin 90° = 5.2 \times 10^{-4}$$

（5）按照形状改变能密度来求相当应力，应该满足条件 $v_d = v_{du}$，

其中 $v_d = \frac{1 + \mu}{6E}[(\sigma_1 - \sigma_2)^2 + (\sigma_2 - \sigma_3)^2 + (\sigma_3 - \sigma_1)^2]$，$v_{du} = \frac{1 + \mu}{6E} \cdot 2\sigma_s^2$，

化简为

$$\sigma_{r^4} = \sqrt{\frac{1}{2}[(\sigma_1 - \sigma_2)^2 + (\sigma_2 - \sigma_3)^2 + (\sigma_3 - \sigma_1)^2]} = 140 MPa$$

思路：可将与应力应变相关的式子直接代入，建议考查对象将此章节的公式背下来，并且尽量自己推导一遍公式。如果考试时间较为充足，考生在解题时可将对应的推导公式写入答题步骤。（例如：第三或四强度理论推导其相当应力、体积应变的公式）

习题 12-3

解：

如图 12-10 所示：

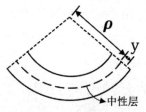

图 12-10 纵截面示意图

则

$$\varepsilon = \frac{(\rho + y) d\theta - \rho d\theta}{\rho d\theta} = \frac{y}{\rho}$$

则横截面上任一点处的纵向线应变 ε 与该点至中性轴的距离 y 成正比。

即 $\varepsilon_h = \frac{h}{\rho}$，其中因为是纯弯曲变形，所以 $\frac{1}{\rho} = \frac{M}{EI_z}$，得 $\frac{\varepsilon_h}{h} = \frac{M}{EI_z}$，即 $\varepsilon_h = \frac{Mh}{EI_z}$。

则 AB 段伸长量为 $\Delta a = a\varepsilon_{h_0} = a\frac{Mh_0}{EI_z} = a\frac{12Mh_0}{Ebh^3}$。

为求梁上半部分的体积变化，对其中高度为 Δh 的微板段进行分析

$$\Delta L_{h_0} = L \cdot \varepsilon_{h_0} = L \cdot \frac{Mh_0}{EI_z}, \quad \Delta dh = -\varepsilon_{h_0} \cdot \mu \cdot \Delta h$$

则 $\Delta_{\triangle}V = (L + \Delta L)(b + \Delta b)(dh + \Delta dh) - Lb \cdot dh$

$$= b\Delta L \cdot dh + L\Delta b \cdot dh + Lb \cdot \Delta dh + \Delta L\Delta b \cdot \Delta dh.$$

其中 $\Delta L\Delta b \cdot \Delta dh$ 舍去，因为其数量级较小，所以计算结果不会有较大的误差。

则

$$\Delta_\Delta V = b \Delta L \cdot dh + L \Delta b \cdot dh + Lb \cdot \Delta dh$$

其中

$$
\begin{cases}
\Delta L = \varepsilon_L \cdot L = \dfrac{\sigma}{E} \cdot L = \dfrac{Mh(x)}{EI_z} \cdot L \\[2mm]
\Delta b = \varepsilon_b \cdot b = -\mu \varepsilon_L \cdot b = -\mu \dfrac{Mh(x)}{EI_z} \cdot b \\[2mm]
\Delta dh = \varepsilon_{dh} \cdot dh = -\mu \varepsilon_L \cdot dh = -\mu \dfrac{Mh(x)}{EI_z} \cdot dh
\end{cases}
$$

即

$$\Delta_\Delta V = b\left(\frac{Mh(x)}{EI_z} \cdot L\right) \cdot dh + L\left(-\mu \frac{Mh(x)}{EI_z} \cdot b\right) \cdot dh + Lb \cdot \left(-\mu \frac{Mh(x)}{EI_z} \cdot dh\right)$$

$$\Delta V = \int_0^{\frac{h}{2}} \Delta_\Delta V = \int_0^{\frac{h}{2}} b\left(\frac{Mh(x)}{EI_z} \cdot L\right) \cdot dh + L\left(-\mu \frac{Mh(x)}{EI_z} \cdot b\right) \cdot dh + Lb \cdot \left(-\mu \frac{Mh(x)}{EI_z} \cdot dh\right)$$

$$= \int_0^{\frac{h}{2}} bL\left(\frac{Mh(x)}{EI_z} - \mu \frac{Mh(x)}{EI_z} - \mu \frac{Mh(x)}{EI_z}\right) dh = bL(1-2\mu)\frac{M}{EI_z}\int_0^{\frac{h}{2}} h(x)\, dh$$

$$= bL(1-2\mu)\frac{Mh^2}{8EI_z}$$

则梁上半部分的体积变化为 $(1-2\mu)\dfrac{3ML}{2Eh}$

思路：此题考查的是对弯曲变形相关推导公式和体积应变的理解. 只要熟悉弯曲变形相关公式的推导，遇到线段变化就想到线应变，遇到体积变化就想到用变形后的体积（利用两个方向的线应变）减去变形前的体积即可解题.

此外此题如果利用体积模量求解会更加方便与容易

$$\Delta V = \int_v \frac{\sigma_m}{K}\, dv = \int_0^{\frac{h}{2}} \frac{\frac{1}{3}\left(\frac{Mx}{I_z}\right)}{\left[\frac{E}{3(1-2\mu)}\right]}\, d(blx) = (1-2\mu)\frac{3ML}{2Eh}$$

第 13 章　强度理论

正　文

材料破坏时，与强度理论的选取与材料的种类、受力情况（危险点的应力状态情况）、荷载的施加情况、环境和温度等都有关系.

13.1　第一类强度理论

脆性断裂强度理论.脆性断裂，在没有明显塑性变形的情况下发生突然断裂，包括第一强度理论（最大拉应力理论）和第二强度理论（最大拉应变理论）.

13.1.1　第一强度理论（最大拉应力理论）

（1）破坏原因（物理意义）：在一定受力变形条件下，材料的最大拉应力达到限定的常数；

（2）破坏假设：当构件内危险点处的最大拉应力达到某一极限值时，材料便发生塑性屈服破坏；

（3）破坏条件 $\sigma_1 = \sigma_b$，强度条件：$\sigma_1 = \sigma_{r1} \leq [\sigma]$；

（4）缺点：没有考虑 σ_2、σ_3 两个主应力对破坏的影响；

（5）可用于解释：铸铁被扭之后，呈螺旋 45° 破坏.

13.1.2　第二强度理论（最大拉应变理论）

（1）破坏原因（物理意义）：在一定受力变形条件下，材料的最大拉应变达到限定的常数；

（2）破坏假设：当构件内危险点处的最大拉应变达到了某一极限值时，材料便发生脆性破坏；

（3）破坏条件 $\varepsilon_1 = \varepsilon_u$，强度条件：$\sigma_1 - \mu(\sigma_2 + \sigma_3) = \sigma_{r2} \leq [\sigma]$；

（4）缺点：没有最大拉应力理论简便；

（5）可用于解释：石料、混凝土压缩破坏.

13.2 第二类强度理论

屈服破坏强度理论．塑性屈服破坏：材料产生显著的塑性变形而构件丧失正常的工作能力．包括第三强度理论（最大切应力理论）和第四强度理论（形状改变能密度理论）．

13.2.1 第三强度理论（最大切应力理论）

（1）破坏原因（物理意义）：在一定受力变形条件下，材料的最大切应力达到限定的常数；

（2）破坏假设：当构件内危险点处的最大切应力达到某一极限值时，材料发生塑性屈服破坏；

（3）破坏条件：$\tau_{max} = \tau_x$，强度条件：$\sigma_1 - \sigma_3 = \sigma_{r3} \leq [\sigma]$；

（4）缺点：没有考虑 σ_2 对破坏的影响，计算结果较保守；

（5）可用于解释：低碳钢拉伸破坏中出现的滑移线；灰铸铁受压发生 50° 左右错断破坏．

13.2.2 第四强度理论（形状改变能密度理论）

（1）破坏原因（物理意义）：在一定受力变形条件下，材料的形状改变能密度达到限定的常数；

（2）破坏假设：当构件内危险点处的形状改变能密度达到某一极限值时，材料便发生脆性破坏；

（3）破坏条件 $v_d = v_{du}$，强度条件

$$\sqrt{\frac{1}{2}[(\sigma_1 - \sigma_2)^2 + (\sigma_2 - \sigma_3)^2 + (\sigma_3 - \sigma_1)^2]} = \sigma_{r4} \leq [\sigma]$$

13.3 强度理论的适用条件

13.3.1 三轴拉伸应力状态条件下，脆性材料和塑性材料：第一强度理论

（1）塑性材料：除了三轴拉伸外，一般均采用第三强度理论；

（2）脆性材料：I、二轴拉伸条件下，采用第一强度理论．

13.3.2 当 $\sigma_{max} > 0$，$\sigma_{min} < 0$ 时，采用莫尔强度理论

$$\sigma_{rm} = \sigma_1 - \frac{[\sigma_t]}{[\sigma_c]}\sigma_3$$

13.3.3 若受压为主，也可以考虑第三强度理论

三轴压缩应力状态条件下，不论塑性材料还是脆性材料均采用第四强度理论．

思考低碳钢和铸铁的拉、压、扭这三种受力条件下不同的破坏情况时，需要结合强度理论去理解．

习　题

习题 13-1:

试求:

（1）如图 13-1 所示，外径为 D，厚度为 t 的圆管，管内的压强为 P. 求轴向应力、径向应力和环向应力;

（2）试用第一强度理论校核该圆管，写出管内压强 P 的表达式，许用应力为 $[\sigma]$;

（3）在冬天冰会撑破铸铁水管，根据牛顿第三定律可知冰和水管受力的大小是相等的，且铸铁的强度高于冰，试分析一下为何会出现此现象.

图 13-1　空心圆管

习题 13-2:

如图 13-2 所示，立方体置于地表以下，上表面 ABCD 与地表齐平，其上受压强 σ_0 作用，如图 13-2-(a) 所示. 立方体四周受岩石包围不变形，泊松比为 μ，给出第三强度理论相当应力.

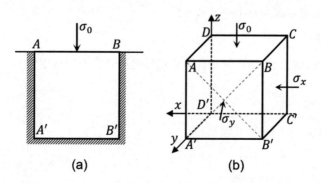

(a)　　　　　　　　(b)

图 13-2　位于地表下的立方体及其单元体受力简图

习题参考答案

习题 13-1

解：

（1）环向应力

$$\sigma_1 \cdot 2t\,dx = PD\,dx \Longrightarrow \sigma_1 = \frac{PD}{2t}$$

轴向应力

$$\pi Dt\sigma_2 = P \cdot \frac{\pi D^2}{4} \Longrightarrow \sigma_2 = \frac{PD}{4t}$$

径向应力

$$\sigma_3 = P \ll \sigma_2 < \sigma_1$$

所以 $\sigma_3 \cong 0$.

（2）根据第一强度理论（最人拉应力理论）$\sigma_1 \le [\sigma]$，

又根据上题可知，最大正应力应该为环向应力 $\sigma_1 = \frac{PD}{2t}$，即

$$\sigma_1 = \frac{PD}{2t} \le [\sigma] \Longrightarrow P \le \frac{2t[\sigma]}{D}$$

（3）虽然根据牛顿第三定律可知冰和管受力的大小是相等的，但是管是受到拉力，而冰是受到挤压力，并且根据第一问可知，铸铁管可看为是双向受拉. 而通过受力分析，管内的冰为三向受压，且铸铁管可以承受压力不能承受拉力，所以容易被拉坏

$$P^{(1)} \le \frac{2t[\sigma]}{D}$$

而冰可看为三向受压，压应力 $\sigma_1 = \sigma_2 = \sigma_3 = P \cong 0$. 根据第二强度理论

$$\sigma_1 - \mu(\sigma_2 + \sigma_3) \le [\sigma] \Longrightarrow P^{(2)} \le \frac{[\sigma]}{1-2\mu}$$

因为泊松比的取值范围为 $-1 < \mu < 0.5$，

所以不难看出 $P^{(2)} \gg P^{(1)}$，

所以即使铸铁的强度高于冰，但是在冬天依然是冰会撑破铸铁水管.

习题 13-2

解：

如图 13-2-(b) 可知：

$$\sigma_z = -\sigma_0$$

根据立方体四周受岩石包围不变形和广义胡克定律，可得

$$\varepsilon_x = \frac{1}{E}\big[\sigma_x - \mu(\sigma_y + \sigma_z)\big] = 0$$

$$\varepsilon_y = \frac{1}{E}\big[\sigma_y - \mu(\sigma_x + \sigma_z)\big] = 0$$

所以

$$\sigma_x = \sigma_y = \frac{\mu}{1-\mu}\sigma_z = -\frac{\mu}{1-\mu}\sigma_0$$

根据主应力的定义，则 σ_x、σ_y、σ_z 均为主应力.

由于 $-1 < \mu < 0.5$，所以按照代数大小排序，可以得 $\sigma_1 = \sigma_2 = \sigma_x = \sigma_y = -\dfrac{\mu}{1-\mu}\sigma_0$，$\sigma_3 = -\sigma_0$.

根据第三强度理论，破坏条件为

$$\tau_{max} = \tau_u \Longrightarrow \sigma_1 - \sigma_3 \le [\sigma]$$

即第三强度理论相当应力

$$\sigma_{r3} = \sigma_1 - \sigma_3 = -\frac{\mu}{1-\mu}\sigma_0 + \sigma_0 = \frac{1-2\mu}{1-\mu}\sigma_0$$

第 14 章　叠加原理

正　文

14.1　叠加原理本质的内涵：力的独立作用原理

即在杆件截面上同时作用的有轴力、扭矩、剪力弯矩（剪力和弯矩是一类的）时，其内力分量所引起的变形是不相关联的.

14.2　叠加原理的限制

在线弹性条件下，内力、应力、应变和位移可叠加，因为其与外力呈线性关系，但**同种内力分量引起的应变能不可以直接叠加**.

如图 14-1 所示：

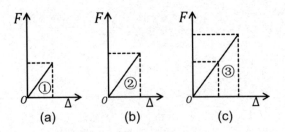

图 14-1　外力位移变化图

（其中 F_{p1}、F_{p2} 均为拉力）明显可以看出

$$V_{\varepsilon 3} \neq V_{\varepsilon 1} + V_{\varepsilon 2}$$

其中 $V_{\varepsilon} = \int_0^{\Delta} {}^0 F d\Delta$.

从两个点可以证明：（1）从图形面积上看，③≠②+①；（2）从公式上看，由于是二次方，所以 $(A + B)^2 \neq A^2 + B^2$.

但是若为三种不同的内力分量，其引起的变形是相互不影响的，所以不同类型的内力分量其应变能是可以叠加的，总应变能等于三者独立作用时的应变能之和．

于是便有

$$V_\varepsilon = \int \frac{F_N^2\, dx}{2EA} + \int \frac{M^2\, dx}{2EI} + \int \frac{M_x^2\, dx}{2GI_p}$$

14.3　特例

如图 14-2 所示：

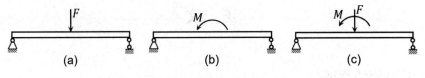

图 14-2　简支梁受外力图

剪力 F 与弯矩 M 产生的变形互不影响，所以同类型广义力产生的应变能可以叠加，即 $V_\varepsilon = V_{\varepsilon F} + V_{\varepsilon M}$．

第 15 章 应变能

正 文

15.1 应变能的特征[1]

（1）应变能恒为正的标量，与坐标系的选取无关．在杆系的不同杆件或不同杆段可独立地选取坐标系．所以可以用来确定泊松比的取值范围（习题 15-1）；

（2）根据能量守恒原理可以证明：应变能仅与荷载的最终值有关，而与加载的顺序无关．因为若与加载顺序有关，则按不同加载或卸载顺序将可在弹性休内不断积累应变能，这显然有违能量守恒原理，所以可以用来证明功互等定理（习题 15-2）；

（3）在线弹性范围内，应变能为内力（或位移）的二次齐次函数，故同一种广义力作用下其能量的叠加原理不再适用，因为叠加原理的基本思想就是互不影响．（第 14 章 叠加原理）

$$V_\varepsilon = \int_0^L \frac{P^2(x)\,dx}{2EA(x)} + \int_0^L \frac{M^2(x)\,dx}{2EI(x)} + \int_0^L \frac{T^2(x)\,dx}{2GI_p(x)} + \int_0^L \alpha_s \frac{Q^2(x)\,dx}{2GA(x)}$$

其中 a_s 为剪切修正系数，随横截面形状改变．横力弯曲时梁的应变能包含两部分：弯曲应变能和剪切应变能．因为杆件的长宽比较大，剪切应变能比弯曲应变能小得多，因此剪切应变能经常忽略不计．

15.2 功能原理

一般弹性体受静荷载作用的情况，可以认为在弹性体的变形过程中，积蓄在弹性体内的应变能 V_ε 在数值上等于外力所做的功 W，

$$V_\varepsilon = W$$

即该式称为弹性体的功能原理．应变能 V_ε 的单位为 J.

具体解释见习题 15-3 参考答案．

---

[1]　孙训方、方孝淑、关来泰：《材料力学（Ⅱ）》，高等教育出版社 2019 年版，第 54 页．

15.3 几何非线性弹性问题和物理非线性弹性问题

两杆的材料虽为线弹性的，但位移 Δ 与荷载 F 之间的关系却是非线性的．这类非线性弹性问题，称为几何非线性弹性问题［对于材料为非线性弹性的问题（即 $\sigma \neq E\varepsilon$，但材料是弹性的，变形后能够完全恢复），称为物理非线性弹性问题］，凡是由荷载引起的变形而对杆件的内力发生影响的问题，均属于几何非线性弹性问题．偏心受压细长杆及纵横弯曲时的杆件等均属于几何非线性弹性问题．

习　题

习题 15-1：

（1）泊松比的定义；

（2）泊松比的取值范围及其解释；

（3）为什么 $\mu = 1/2$ 称为不可压缩材料？

习题 15-2：

简述并证明位移互等定理，并写出其适用条件．

习题 15-3：

用力 P 和位移 δ 表示出结构的应变能 V_ε 和余能 V_c. 如图 15-1 所示，给出表示应变能和余能的表达式，以及应变能和余能的关系，并说明应变能和余能在什么情况下是相等的？

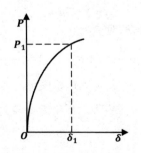

图 15-1　应变能和余能关系

习题参考答案

习题 15–1

解：

（1）泊松比的概念：杆件受单轴拉伸或压缩载荷，应力不超过比例极限时，横向应变 ε' 与轴向应变 ε 之比是一常数，可表示为 $\mu = \left|\frac{\varepsilon'}{\varepsilon}\right|$；当杆件轴向伸长时横向缩小，而轴向缩短时横向增大，所以 ε' 和 ε 的正负总是相反的，因此 $\varepsilon' = -\mu\varepsilon$. 当泊松比为负值时，即泊松比小于 0，表示杆受拉力变长时，其截面尺寸也在变大，体积增加；材料受压力时，其截面尺寸变小，体积也变小 [1].

（2）已知 $V_\varepsilon = \frac{1}{2}[\sigma_1\varepsilon_1 + \sigma_2\varepsilon_2 + \sigma_3\varepsilon_3]$
$$= \frac{1}{2E}\left[\sigma_1^2 + \sigma_2^2 + \sigma_3^2 - 2\mu(\sigma_1\sigma_2 + \sigma_2\sigma_3 + \sigma_3\sigma_1)\right],$$

因为存在外力做功，基于弹性理论中应变能的热力学考虑，单元体应变能 V_ε 恒大于 0，所以其二次型也应该为正定二次型，即

$$\begin{bmatrix} 1 & -\mu & -\mu \\ -\mu & 1 & -\mu \\ -\mu & -\mu & 1 \end{bmatrix}$$

为正定矩阵，所以 $1 > 0$，$1 - \mu^2 > 0$，$(1 - 2\mu)(1 + \mu)^2 > 0$.

则不难得出 $-1 < \mu < 0.5$.

（或者由体积模量、杨氏模量、剪切模量和泊松比三者关系 $G = E/2(1+\mu)$，$K = \frac{E}{3(1-2\mu)}$，有体积模量、杨氏模量和剪切模量都取正值，得泊松比取值范围为 $-1 < \mu < 0.5$）

综上

$$-1 < \mu < 0.5$$

（3）对各向同性的材料，其体积应变为

$$\varepsilon_v = \varepsilon_1 + \varepsilon_2 + \varepsilon_3 = \frac{1-2\mu}{E}(\sigma_1 + \sigma_2 + \sigma_3) = \frac{1-2\mu}{E}(\sigma_x + \sigma_y + \sigma_z)$$

也可以表示为 $\varepsilon_v = \frac{\sigma_x + \sigma_y + \sigma_z}{3K}$，其中 K 称为体积模量，其值为 $K = \frac{E}{3(1-2\mu)}$.

极端情况： 当 $\mu = 0.5$ 时，K 为无穷大，不论受力多大，体积应变均为 $\varepsilon_v = 0$. 这种材料被称为不可压缩材料.

---

[1]　LAKES R. "Foam Structures with a Negative Poisson's Ratio", Science, 1987, 235(4792): 1031040. DOI:10.1126/science.235.4792.1038.

思路：对泊松比的理解，常考，需要熟练掌握关于泊松比的定义和各种推导．

习题 15-2

证明：

第一种情况先施加 F_1，再施加 F_2，如图 15-2 所示：

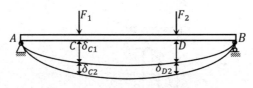

图 15-2 先施加 F_1，再施加 F_2

第二种情况先施加 F_2，再施加 F_1，如图 15-3 所示：

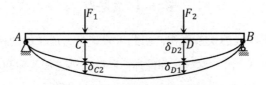

图 15-3 先施加 F_2，再施加 F_1

$$\begin{cases} U_1 = \dfrac{1}{2}F_1\delta_{C1} + \dfrac{1}{2}F_2\delta_{D2} + F_1\delta_{C2} \\ U_2 = \dfrac{1}{2}F_2\delta_{D2} + \dfrac{1}{2}F_1\delta_{C1} + F_2\delta_{D1} \end{cases}$$

因为线弹性体在荷载作用下，根据实际情况，最终变形状态仅决定于诸荷载的最终值，而与荷载的加载过程无关，最终变形状态不变则应变能一样，即 $U_1 = U_2$，所以 $F_1\delta_{C2} = F_2\delta_{D1}$，即功互等定理．

若荷载 F_1 和 F_2 数值相等，它们彼此在对方作用点上产生的对方方向位移相等，此即为位移互等定理．

适用条件：线弹性体系．

（考生可以试试利用均布荷载和一个集中力的功互等定理证明，如此有助于加深对广义力和广义位移之间关系的理解）

习题 15-3

解：

由图 15-1 可知，杆端位移 δ 与施加在杆端的外力 P 之间的关系，此杆件的材料为非线性弹性体.

当外力由 0 逐渐增大到 P_1 时, 杆端位移就由零增至 δ_1, 此时外力所做的功为

$$W = \int_0^{\delta_1} P \, d\delta$$

如图 15-4 所示:

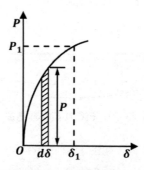

图 15-4 应变能

$P d\delta$ 相当于图中带阴影线的长条面积, 由此可知, 外力所做的功就相当于从 $\delta = 0$ 到 $\delta = \delta_1$ 之间 $P - \delta$ 曲线下的面积. 由于材料是弹性体, 所以在略去加载和卸载过程中的能量损耗后, 外力所做的功 W 在数值上就等于积蓄在杆内的应变能 V_ε, 即

$$V_\varepsilon = W = \int_0^{\delta_1} P \, d\delta$$

上式为由外力功计算应变能的表达式.

另一个能量参数称为余能. 由于材料为非线性弹性, 则拉杆的 $P - \delta$ 曲线, 如图 15-5 所示:

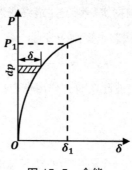

图 15-5 余能

当外力由 0 逐渐增大到 P_1 时, 此时余功为 $P - \delta$ 曲线与 P 轴围成的面积, 仿照外力功的表达式计算另一积分

$$\int_0^{P_1} \delta \, dP$$

上式积分是 $P - \delta$ 曲线与纵坐标间的面积, 其量纲与外力功相同, 且与外力功 $\int_0^{\delta_1} P d\delta$ 之

和正好等于矩形面积 $P_1\delta_1$，称为余功，用 W_C 表示，即

$$W_c = \int_0^{P_1} \delta dP$$

注意，当材料是线弹性的，仿照功与应变能相等的关系，可将与余功相对应的能称为余能，并用 V_C 表示．余功 W_C 和余能 V_C 在数值上相等，即

$$V_c = W_c = \int_0^{P_1} \delta dP$$

上式为由外力余功计算余能的表达式．

补充：进一步延伸可证明卡氏第二定理：

对于 n 个力作用下，余能就是这些力的函数 $V_C = f(F_1,\ F_2,\ \cdots F_n)$. 假设第 i 个荷载 F_i 有一微小增量 dF_i 而其余荷载均保持不变，因此，由于 F_i 改变了 dF_i，梁内余能的相应改变量为

$$dV_c = dV_c = \frac{\partial V_c}{\partial F_1}dF_1 + \frac{\partial V_c}{\partial F_2}dF_2 + ... + \frac{\partial V_c}{\partial F_i}dF_i + ... + \frac{\partial V_c}{\partial F_n}dF_n = \frac{\partial V_c}{\partial F_i}dF_i$$

这一步是偏微分计算，例如：$z = x^2 + y^2 + 2xy$，令 x 有一微小增量 dx，则 $dz = (2x + 2y)dx$.

根据功互等定理，可以假设首先施加无限小载荷 dF_i，然后再加载荷 $F_1,\ F_2,\ \cdots F_n$，在此过程中，系统的最终应变能应与前述表达式保持一致．

由于初始施加的载荷 dF_i 仅引起一阶无穷小位移，其对应的功为二阶小量，可予以忽略．随后施加载荷 $F_1,\ F_2,\ \cdots F_n$，其力学效应不受预先施加的 dF_i 影响，因此这些载荷所做的功仍等于 V_C，同时力 dF_i 在 F_i 方向获得位移 δ_i 并做功 $(dF_i)\cdot\delta_i$.

而在功互等定理中，沿不同路径施加的力所做的功在数值上必须保持相等，于是

$$V_c + \frac{\partial V_c}{\partial F_i}dF_i = V_c + (dF_i)\delta_i$$
$$\delta_i = \frac{\partial V_c}{\partial F_i}$$

卡氏第二定理得到证明．

同理，可证明卡氏第一定理．

第 16 章　能量法解题

正　文

16.1　用卡氏第二定理解题时，一定要确定是哪个力的哪个位移 [1]

【例题 i】

如图 16-1 所示，求 B 点位移.

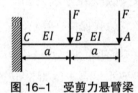

图 16-1　受剪力悬臂梁

解：

在数值上，即使 $F_B = F_C = F$，也不能直接以 F 的形式带到应变能公式中.

利用卡氏第二定理求 B 点的位移，公式 $\Delta_B = \frac{\partial V_\varepsilon}{\partial F_B}$，B 点受到集中力，

则 BC 段 $M_{BC} = -F_B \cdot x$，$\frac{\partial M_{BC}}{\partial F_B} = -x$，

AC 段 $M_{AC} = -F_B \cdot x - F_C \cdot (x-a)$，$\frac{\partial M_{AC}}{\partial F_B} = -x$，

则

$$\Delta_B = \frac{\partial V_\varepsilon}{\partial F_B} = \int_0^a \frac{M_{BC}}{EI} \frac{\partial M_{BC}}{\partial F_B} dx + \int_a^{2a} \frac{M_{AC}}{EI} \frac{\partial M_{AC}}{\partial F_B} dx$$

$$= \int_0^a \frac{F_B \cdot x^2}{EI} dx + \int_a^{2a} \frac{F_B \cdot x^2 + F_C \cdot (x-a)x}{EI} dx = \frac{7Fa^3}{2EI}$$

---

[1]　范钦珊、殷雅俊、唐靖林：《材料力学》，清华大学出版社 2014 年版，第 291 页.

16.2　用卡氏第二定理解题时

（1）同一结构上，如果只是不同点的话，力均按照一个方向来进行处理即可，如上题的 F_B 如果用来求 C 点的位移，则始终按照向下来代入即可；

（2）如果是在不同结构上的同一点，则需要考虑正负方向，因为此时相当于两个力.

【例题 ii】

如图 16-2 所示，一个悬臂梁上有两个相邻的杆件，两杆件利用一个短刚杆进行连接. 上下杆件的应变能分别为 $V_{\varepsilon 1}$ 和 $V_{\varepsilon 2}$. 其中上杆件自由端承受一个向下的集中力，下杆件自由端与短杆垂直连接。利用卡式第一定理求 F、$V_{\varepsilon 1}$ 和 $V_{\varepsilon 2}$ 这三者的关系式.

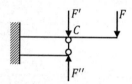

图 16-2　力位移分析图

解：

其中，根据变形协调来看，F' 和 F'' 作用点的相对位移应该为零，即

$$\frac{\partial V_{\varepsilon 1}}{\partial F'} = -\frac{\partial V_{\varepsilon 2}}{\partial F''}$$

（如果不便理解，可以直接利用超静定解法）

【例题 iii】（该题结构上与习题 16–11 类似，但解题思路有很大的不同）

半圆形曲杆 CDE 与直杆 AE、BC 连接如图 16-3-(a) 所示. 曲杆与杆的弯曲刚度均为 EI，只考虑杆的弯曲变形.

试求 A、B 截面处的反力偶矩 M_A、M_B.

解：

此题为超静定对称结构，但不能直接从中部拆分，否则分开的结构没办法达到稳定状态.

（1）$M_A = M_B$，则求其中一个即可，此处选择求 M_B. 若要求 M_B，则必须解出该超静定结构中的 F_{cx}；

（2）由于 C 端为自由端铰约束，则只看圆弧或者直杆这两个单独的构件是分析不出来的，应该从整体出发.（此处是利用 C 点对于两个构件的相对位移为零）

如图 16-3-(b) 所示，先分析圆弧，再分析直杆.

圆弧 $M(\theta) = F_y \cdot R(1 - \cos\theta) - F_{cx} \cdot R\sin\theta$，$\dfrac{\partial M(\theta)}{\partial F_{cx}} = -R\sin\theta$，则

$$\Delta_{cx1} = \frac{\partial V_{\varepsilon1}}{\partial F_{cx}} = \int_0^{\frac{\pi}{2}} \frac{M(\theta)}{EI}(-R\sin\theta)\cdot R\,d\theta = \frac{R^3}{EI}\left[\int_0^{\frac{\pi}{2}} F_{cx}\sin^2\theta - \frac{P}{2}(1-\cos\theta)\sin\theta\,d\theta\right]$$

$$= \frac{R^3}{EI}\left(\frac{\pi}{4}F_{cx} - \frac{P}{4}\right)$$

直杆 $M(y) = -F'_{cx}\cdot y$, $\frac{\partial M(y)}{\partial F'_{cx}} = -y$,

$$\Delta_{cx2} = \frac{\partial V_{\varepsilon2}}{\partial F'_{cx}} = \int_0^{2R} \frac{-F'_{cx}\cdot y}{EI}\cdot(-y)\,dy = \frac{8F'_{cx}\cdot R^3}{3EI}$$

由于 C 点对于两个结构的相对位移为零，且 $F'_{cx} = -F_{cx}$，所以

$$\Delta_{cx1} + \Delta_{cx2} = 0 \Rightarrow \frac{R^3}{EI}\left(\frac{\pi}{4}F_{cx} - \frac{P}{4}\right) + \frac{8F'_{cx}\cdot R^3}{3EI} = 0$$

解得

$$\left(\frac{32}{3} + \pi\right)F_{cx} = P \Rightarrow F_{cx} = \frac{3P}{32 + 3\pi}$$

则

$$M_A = M_B = F_{cx}\cdot 2R = \frac{6PR}{32 + 3\pi} = 0.145PR$$

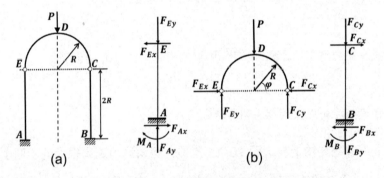

图 16-3 半圆形曲杆和直杆组合

16.3 用卡氏第一定理解题时

考生需熟练运用已知条件去求未知条件，通常试题中 F_x、F_y 是已知条件，需要求未知条件 Δ_x、Δ_y.

【例题 iv】

如图 16-4 所示：

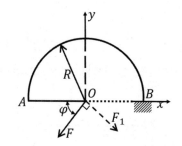

图 16-4 半圆形曲杆和直杆组合

平均半径为 R 的小曲率杆，弯曲刚度为 EI，OA 为刚性杆，在 O 点作用集中力 F，力 F 与 OA 杆的夹角 φ 为任意角. 求证：O 点的线位移沿着力 F 作用线方向.

证明： 要证 O 点的线位移沿着力 F 的作用线方向，可在 OA 点虚加一垂直于力 F 的力 F_1.

若 O 点沿着力 F_1 方向的位移

$$\delta_1 = \left.\frac{\partial V_\varepsilon}{\partial F_1}\right|_{F_1=0} = 0$$

这说明，O 点的线位移在力 F 垂直方向无位移，即其沿着力 F 的作用线方向.

曲杆

$$M(\theta) = FR\sin(\theta + \varphi) + F_1 R\cos(\theta + \varphi), \quad \frac{\partial M(\theta)}{\partial F_1} = R\cos(\theta + \varphi)$$

则 O 点沿着力 F_1 方向的线位移为

$$\begin{aligned}
\delta_1 &= \left.\frac{\partial V_\varepsilon}{\partial F_1}\right|_{F_1=0} = \frac{1}{EI}\int_0^\pi M(\theta)\frac{\partial M(\theta)}{\partial F_1}R\,d\theta\bigg|_{F_1=0} \\
&= \frac{1}{EI}\int_0^\pi FR^3\sin(\theta+\varphi)\cos(\theta+\varphi)\,d\theta\bigg|_{F_1=0} = \frac{FR^3}{2EI}\int_0^\pi \sin 2(\theta+\varphi)\,d\theta \\
&= 0
\end{aligned}$$

（因为 $\sin 2x$ 的周期为 π，所以上式为零）

综上，O 点的线位移在力 F 垂直方向位移为零，可以说明其线位移沿着力 F 的作用线方向.

16.4 用卡氏定理求解钢架问题时

该类问题，依旧考的是卡氏定理的运用. 只要记住刚节点处的弯矩是连续的，并且按照规范步骤解题.

解题步骤：按照卡氏定理的通法，写出弯矩方程，对一点的力（或位移）进行求导，再累加.

[钢架的弯矩正负方向，按照解题者自己习惯假定即可. 因为是按照卡氏定理的求解方法，最终求解的力（或者位移）是与自身初始条件（力或者位移）有关，如果解出来是正解，就是和自己假定的正方向一致，如果是负的则相反.]

【例题ⅴ】

抗弯刚度为 EI 的钢架，在自由端 C 承受与水平方向成 a 角的力 P，如图 16-5 所示，欲使自由端 C 的总位移发生沿 P 力的作用线上，试求力 P 的作用线的倾角.

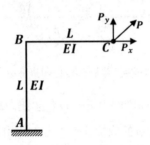

图 16-5　倒 "L" 型钢架

解：

（1）自由端 C 的水平和铅垂位移

$$f_x = \frac{P_x L^2}{3EI} - \frac{(P_y L)L^2}{2EI} = \frac{L^3}{6EI}(2P_x - 3P_y)$$

$$f_y = \frac{P_y L^3}{3EI} + \frac{(P_y L)L}{EI} \cdot L - \frac{(P_x L^2)L}{2EI} = \frac{L^3}{6EI}(8P_y - 3P_x)$$

（2）倾角 a

由题意得

$$\tan a = \frac{P_y}{P_x} = \frac{f_y}{f_x} = \frac{8P_y - 3P_x}{2P_x - 3P_y} = \frac{8\tan a - 3}{2 - 3\tan a}$$

所以

$$2\tan a - 3\tan^2 a = 8\tan a - 3$$

$$1 = 2\tan a + \tan^2 a \Longrightarrow 1 = \frac{2\tan a}{1 - \tan^2 a} = \tan 2a$$

得出

$$a = \frac{n\pi}{2} + \frac{\pi}{8}(n = 0,\ 1,\ 2,\ \cdots)$$

习　题

习题 16-1：

如图 16-6 所示，梁 AB 的抗弯刚度为 EI，A 端为固定铰支，B 端为弹性支座，其弹簧刚度为

k. 梁在 C 处承受力 P 作用，试用卡氏定理求 C 处的挠度.

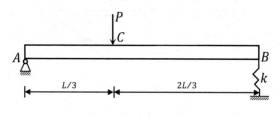

图 16-6　带弹性支座简支梁

习题 16-2：

如图 16-7 所示，梁的抗弯刚度为 EI 和 $2EI$，支座的弹簧刚度为 k_1 及 k_2，试用卡氏定理求 A 点挠度.

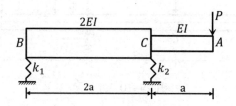

图 16-7　带弹性支座的变刚度梁

习题 16-3：

如图 16-8 所示，一抗弯刚度为 EI 的直梁，左端 C 固定，右端 A 被一刚度为 k 的弹簧约束，在梁上 A 点和 B 点处分别作用着两个相同的集中荷载 F，试利用卡氏定理求 A 端的挠度 w.

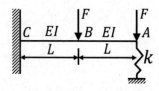

图 16-8　抗弯刚度为的直梁

习题 16-4：

如图 16-9 所示，简支梁 AB 右端受到弯矩 M_0 作用，试应用卡氏定理求梁 B 处的转角 θ_B 和 C 处的挠度 y_c.

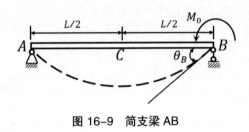

图 16-9　简支梁 AB

习题 16-5：

如图 16-10 所示，一外伸梁抗弯刚度为 EI，受到集中力 $F = qL$ 和分布荷载 q 作用，试用卡氏定理求 C 点的挠度 y_c.

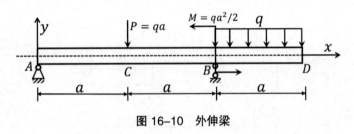

图 16-10　外伸梁

习题 16-6：

如图 16-11 所示，材料弹性模量为 E，半径为 R，AB 曲杆直径为 d，弯矩 M_0 作用在 C 处，O 为曲杆的曲率中心，AO $\perp$ BO，试用卡氏定理求 B 截面的铅垂位移.

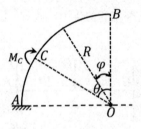

图 16-11　1/4 曲杆 AB

习题 16-7：

如图 16-12 所示，用卡氏第二定理求 A 点的挠度.

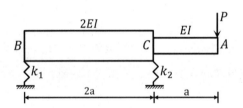

图 16-12 带弹簧支座的变刚度梁

习题 16-8：

如图 16-13 所示，结构由曲杆 AB 和直杆 BC 组成，曲杆 AB 为 $\frac{1}{4}$ 个圆，半径为 R，直杆长度为 a，现在自由端 C 作用一大小为 P 的力．

求解：

（1）求各段的力矩方程；

（2）求自由端 C 的挠度．

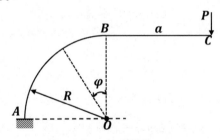

图 16-13 组合结构 ABC

习题 16-9：

如图 16-14 所示，结构、材质相同的四根杆，杆件的长度为 L，弹性模量为 E，截面面积 A 都相等，$\beta = 30°$．有外力 F_1 和 F_2，作用在 G 点，使其产生位移 G_x 和 G_y，试用卡氏定理求 G_x 和 G_y 的大小以及各杆内力．

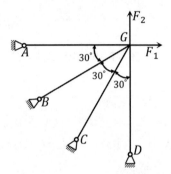

图 16-14 组合结构

习题 16–10：

如图 16-15 所示，已知 AB 杆长为 L，抗拉刚度为 E_1A. BC 杆长为 L，抗弯刚度为 E_2I ($E_1 \neq E_2$)，均布荷载为 q，用能量法（卡氏定理）解释以下问题：

（1）AB 杆受到的拉力 P；

（2）求 B 点位移.

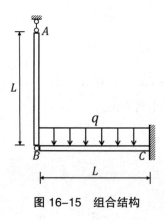

图 16–15　组合结构

习题 16–11：

如图 16-16 所示结构，两部分的材料均相同，弹性模量为 E，许用应力为 $[\sigma]$，上部半圆环与下部分大柔度杆件为铰接，试求结构的许用载荷 $[P]$.

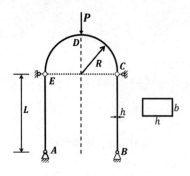

图 16–16　组合结构

习题 16–12：

如图 16-17 所示，圆弧形（半径为 R）的悬臂梁 AB，右端受弯矩 M_0 和集中力 P_0，弹性模量为 E，惯性矩为 I，需要用卡氏定理求解.

（1）给出弯曲变形能表达式；

（2）用 B 转角和位移的表达式．

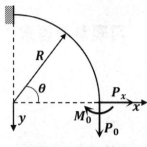

图 16-17　1/4 圆弧

习题 16-13：

如图 16-18 所示，桁架结构由 AB 和 BC 两根等截面杆构成，两杆截面形状相同，面积为 A，AB 杆沿水平方向且长度为 L、BC 杆与竖直方向夹角为 45°，在 B 点作用有竖直向下的集中力 P．试分别根据下述本构模型，利用卡氏定理求出 B 点的水平位移 D_1 和竖直位移 D_2．

已知 $\sigma = F\sqrt{\varepsilon}$，其中 F 为弹性常数；直杆拉伸时，$\sigma$ 与 ε 分别为拉应力和拉应变；直杆压缩时，σ 与 ε 分别为压应力和压应变．

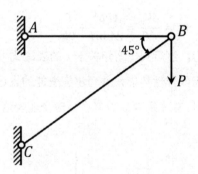

图 16-18　桁架结构

习题参考答案

习题 16–1

解：

首先由静力平衡方程 $\sum M_A = 0$，$\sum M_B = 0$，不难得出

$$F_A = \frac{2P}{3}, \; F_B = \frac{P}{3}$$

所以

$$M(x_1) = \frac{2Px_1}{3}, \; 0 \leq x_1 \leq \frac{L}{3}$$

$$M(x_2) = \frac{2P}{3}\left(x_2 + \frac{L}{3}\right) - Px_2 = \frac{2PL}{9} - \frac{P}{3}x_2, \; 0 \leq x_2 \leq \frac{2L}{3}$$

则

$$V_\varepsilon = \int_0^{\frac{L}{3}} \frac{\left(\frac{2P}{3}x_1\right)^2}{2EI} dx + \int_0^{\frac{2L}{3}} \frac{\left(\frac{2PL}{9} - \frac{P}{3}x_2\right)^2}{2EI} dx + \frac{F_B^2}{2k} = \frac{2P^2L^3}{243EI} + \frac{P^2}{18k}$$

C 点挠度

$$w_c = \frac{\partial V_\varepsilon}{\partial P} = \frac{4PL^3}{243EI} + \frac{P}{9k}$$

思路： 先求出各点处的力，然后列出弯矩关于 x 的表达式 . 此题是对卡氏第二定理的考查，需要注意右侧有弹簧，须考虑到弹性势能，并写出应变能的表达式，对力 P 进行求偏导 .

关于卡氏第二定理的题目，首先需要想着怎么写应变能表达式，只要写出来了，问题就不大 .

习题 16–2

解：

假设 B 点支反力为 F_B，C 点支反力为 F_C，解平衡方程

$$\sum M_C = 0, \quad \sum F_Y = 0$$
$$F_B \cdot 2a - Pa = 0$$

可得 $F_B = \frac{P}{2}$，$F_C = \frac{3}{2}P$.

BC 段 $M(x_1) = -F_B x_1 \; (0 \leq x_1 \leq 2a)$，

CA 段内 $M(x_2) = -Px_2 \; (0 \leq x_2 \leq a)$，

则应变能表达式可写为

$$V_\varepsilon = \int_0^{2a} \frac{\left(\frac{Px_1}{2}\right)^2}{2*2EI}dx_1 + \int_0^a \frac{(-Px_2)^2}{2EI}dx_2 + \frac{1}{2} \cdot K_1 \cdot \left(\frac{F_B}{K_1}\right)^2 + \frac{1}{2} \cdot K_2 \cdot \left(\frac{F_c}{K_2}\right)^2$$

由卡氏定理得 A 点挠度

$$\Delta_A = \frac{\partial V_\varepsilon}{\partial P} = \frac{2Pa^3}{3EI} + \frac{P(K_2 + 9K_1)}{4K_1K_2}$$

习题 16–3

解：

令 $F_1 = F - F_A$ ①

则 AB 段 $M(x_1) = -F_1x_1$，其中 $0 \le x_1 \le L$，$\frac{\partial M(x_1)}{\partial F_1} = -x_1$，

BC 段 $M(x_2) = -(F_1 + F)x_2 - F_1L$，其中 $0 \le x_2 \le L$，$\frac{\partial M(x_2)}{\partial F_1} = -x_2 - L$，

则 $w = \frac{\partial V_\varepsilon}{\partial F_1} = \int_0^L \frac{F_1x_1*x_1}{EI}dx + \int_0^L \frac{(F_1+F)x_2+F_1L}{EI}*(x_2+L)dx = \frac{5F+16F_1}{6EI}L^3$ ②

此外

$$w = \Delta = \frac{F_A}{k}$$ ③

联立①②③得 $F_A = \frac{21FL^3k}{6EI+16kL^3}$，即 $\Delta = \frac{21FL^3}{6EI+16kL^3}$．

思路：此题的解法不考虑弹簧的弹性势能，利用 A 点的相对位移来处理带弹簧梁的超静定结构问题，与题 16-1、16-2 解法不同．

习题 16–4

解：

（1）求 B 处的转角 θ_B

根据静力平衡 $M(A) = F_BL - M_0 = 0$，$F_A + F_B = 0$，得 $\begin{cases} F_A = \frac{M_0}{L} \\ F_B = -\frac{M_0}{L} \end{cases}$

则 $M(x) = \frac{M_0x}{L}(0 < x < L$，从左向右$)$．

则 $V_\varepsilon = \int \frac{M^2(x)}{2EI}dx$，根据卡氏第二定理

$$\theta_B = \frac{\partial V_\varepsilon}{\partial M_0} = \int_0^L \frac{M(x)}{EI} \cdot \frac{\partial M(x)}{\partial M_0}dx = \int_0^L \frac{1}{EI} \cdot \frac{M_0x^2}{L^2}dx = \frac{M_0L}{3EI}$$

（2）求 C 处的挠度 y_c

在 C 处虚设一个向下的力 $F_C = 0$，此时

$$\begin{cases} F_A = \frac{M_0}{L} + \frac{F_C}{2} \\ F_B = -\frac{M_0}{L} + \frac{F_C}{2} \end{cases}$$

即弯矩方程可写为

$$\begin{cases} M_1(x) = F_A \cdot x & \left(0 < x < \dfrac{L}{2}, \text{从左向右}\right) \\[2mm] M_2(x) = M_0 + F_B \cdot x & \left(0 < x < \dfrac{L}{2}, \text{从右向左}\right) \end{cases}$$

则

$$V_\varepsilon = \int \frac{M^2(x)}{2EI} dx = \int_0^{\frac{L}{2}} \frac{M^2{}_1(x)}{2EI} dx + \int_0^{\frac{L}{2}} \frac{M^2{}_2(x)}{2EI} dx$$

所以 C 处的挠度 y_c 为

$$y_C = \frac{\partial V_\varepsilon}{\partial F_C} = \int_0^{\frac{L}{2}} \frac{\left(\dfrac{M_0}{L} + \dfrac{F_C}{2}\right) \cdot x}{EI} \cdot \frac{x}{2} dx + \int_0^{\frac{L}{2}} \frac{M_0 + \left(-\dfrac{M_0}{L} + \dfrac{F_C}{2}\right) \cdot x}{EI} \cdot \frac{x}{2} dx$$

$$= \frac{1}{EI}\left[\frac{M_0 L^2}{48} + \frac{M_0 L^2}{16} - \frac{M_0 L^2}{48}\right] = \frac{M_0 L^2}{16EI}$$

思路： 卡氏第二定理中，最常用的就是虚设一个广义力（数值上为零），求弯矩，然后求应变能，利用卡氏定理求偏导．

习题 16–5

解：

（该结构为静定结构，所以可以先利用静力平衡把 A、B 两点的力给求出来）

由题可知，根据静力平衡条件，可得

$$\begin{cases} F_A + F_B = F + qL \\[2mm] M(A) = 0, \quad -FL + F_B \times 2L - qL \cdot \dfrac{5}{2}L = 0 \end{cases}$$

解得 $F_A = \dfrac{1}{2}F - \dfrac{1}{4}qL$，$F_B = \dfrac{5}{4}qL + \dfrac{1}{2}F$，

则弯矩的表达式为

$$M(x_1) = \left(\frac{1}{2}F - \frac{1}{4}qL\right)x_1 \quad (0 < x_1 < L \text{ 从左向右})$$

$$\frac{\partial M(x_1)}{\partial F} = \frac{1}{2}x_1$$

$$M(x_2) = \left(\frac{1}{4}qL + \frac{F}{2}\right)x_2 - \frac{1}{2}qL^2 \quad (0 < x_2 < L \text{ 从右向左})$$

$$\frac{\partial M(x_2)}{\partial F} = \frac{1}{2}x_2$$

则

$$y_c = \frac{\partial M(x)}{\partial F} = \int_0^L \frac{M(x_1)}{EI} \frac{\partial M(x_1)}{\partial F} dx + \int_0^L \frac{M(x_2)}{EI} \frac{\partial M(x_2)}{\partial F} dx$$

$$= \int_0^L \frac{\left(\dfrac{1}{2}F - \dfrac{1}{4}qL\right)x_1}{EI} \times \frac{1}{2}x_1 dx + \int_0^L \frac{\left(\dfrac{1}{4}qL + \dfrac{F}{2}\right)x_2 - \dfrac{1}{2}qL^2}{EI} \times \frac{1}{2}x_2 dx = \frac{qL^4}{24}$$

习题 16–6

解：

在 B 处施加一竖直向下的力 F_0，并写出各个荷载共同作用时的 $M(x)$

$$M(x_1) = F_0 R \sin\phi\,(0 \le \phi \le \theta)，\quad \frac{\partial M(x_1)}{\partial F_0} = R \sin\phi$$

$$M(x_2) = F_0 R \sin\phi + M_c\left(\theta \le \phi \le \frac{\pi}{2}\right)，\quad \frac{\partial M(x_1)}{\partial F_0} = R \sin\phi$$

则由卡氏定理可求得 B 点竖直位移为

$$\Delta B_y = \int_0^\theta \frac{F_0 R \sin\phi}{EI} \cdot R \sin\phi \cdot R\,d\phi + \int_\theta^{\frac{\pi}{2}} \frac{M}{EI} \cdot R \sin\phi \cdot R\,d\phi$$

$$= \frac{F_0 R^3}{2EI}\theta - \frac{F_0 R^3}{4EI}\sin(2\theta) + \frac{MR^2}{EI}\cos\theta$$

习题 16–7

解：

如图 16-19 所示：

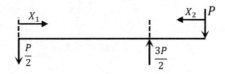

图 16–19　梁受力简化模型

$$M(x_1) = -\frac{p}{2}x_1\ (0 \le x_1 \le 2a)，\quad M(x_2) = -px_2\ (0 \le x_2 \le a)$$

$$V_\varepsilon = \int_0^{2a} \frac{M^2(x_1)}{2 \cdot (2EI)}dx_1 + \int_0^a \frac{M^2(x_2)}{2EI}dx_2 + \frac{1}{2} \cdot \frac{\left(\frac{p}{2}\right)^2}{k_1} + \frac{1}{2} \cdot \frac{\left(-\frac{3p}{2}\right)^2}{k_2}$$

$$= \frac{p^2 a^3}{3EI} + \frac{p^2}{8k_1} + \frac{9p^2}{8k_2}$$

$$\Delta_A = \frac{\partial V_\varepsilon}{\partial p} = \frac{2pa^3}{3EI} + \frac{p}{4k_1} + \frac{9p}{4k_2}$$

习题 16–8

解：

（1）BC 段弯矩方程 $M_1(x) = Px$，$0 \le x \le a$.

　　BA 段弯矩方程 $M_2(x) = Pa + PR\sin\Phi$，$0 \le \Phi \le \frac{\pi}{2}$.

（2）由卡氏定理可知

$$w_c = \int_0^a \frac{Px}{EI} \cdot x dx + \int_0^{\frac{\pi}{2}} \frac{(Pa + PR\sin\phi)}{EI} \cdot (a + R\sin\phi)Rd\phi$$

$$= \frac{pa^3}{3EI} + \frac{PR}{EI}\left(2a^2\pi + \frac{\pi R^2}{4} + 2aR\right)$$

习题 16–9

解：

如图 16-20 所示，将四杆依次编号为 1、2、3 和 4 号杆，设它们的伸长量为 ΔL_1、ΔL_2、ΔL_3 和 ΔL_4，则由几何关系知（下面仅以 ΔL_3 举例）：

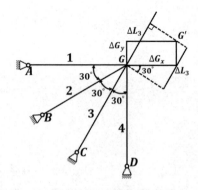

图 16–20　组合结构受力分析

$$\Delta L_1 = \Delta_{Gx}$$

$$\Delta L_2 = \Delta_{Gx}\cos 30° + \Delta_{Gy}\sin 30° = \frac{\sqrt{3}}{2}\Delta_{Gx} + \frac{1}{2}\Delta_{Gy}$$

$$\Delta L_3 = \Delta_{Gx}\sin 30° + \Delta_{Gy}\cos 30° = \frac{1}{2}\Delta_{Gx} + \frac{\sqrt{3}}{2}\Delta_{Gy}$$

$$\Delta L_4 = \Delta_{Gy}$$

则桁架的总应变能为

$$V_\varepsilon = \sum_{i=1}^{4} \frac{\Delta L_i^2 E_i A_i}{2L_i}$$

$$= \frac{EA}{2L}\left[\Delta_{Gx}^2 + \left(\frac{\sqrt{3}}{2}\Delta_{Gx} + \frac{1}{2}\Delta_{Gy}\right)^2 + \left(\frac{1}{2}\Delta_{Gx} + \frac{\sqrt{3}}{2}\Delta_{Gy}\right)^2 + \Delta_{Gy}^2\right]$$

$$= \frac{EA}{2L}\left(2\Delta_{Gx}^2 + \sqrt{3}\Delta_{Gx}\Delta_{Gy} + 2\Delta_{Gy}^2\right)$$

由卡氏第一定理可得

$$\frac{\partial V_\varepsilon}{\partial \Delta_{Gx}} = \frac{EA}{2L}\left(4\Delta_{Gx} + \sqrt{3}\Delta_{Gy}\right) = F_1$$

$$\frac{\partial V_\varepsilon}{\partial \Delta_{Gy}} = \frac{EA}{2L}\left(\sqrt{3}\Delta_{Gx} + 4\Delta_{Gy}\right) = F_2$$

联立上两式得结点 G 的水平位移 Δ_{Gx} 和铅垂位移 Δ_{Gy} 分别为

$$\Delta_{Gx} = \frac{2\left(4F_1 - \sqrt{3}F_2\right)}{13EA}L \quad (\text{方向为向右})$$

$$\Delta_{Gy} = \frac{2\left(4F_2 - \sqrt{3}F_1\right)}{13EA}L \quad (\text{方向为向上})\cdot$$

习题 16–10

解：

（1）根据应变能计算公式

$$V_\varepsilon = \int \frac{F_N^2(x)}{2EA}dx + \int \frac{T^2(x)}{2GI_p}dx + \int \frac{M^2(x)}{2EI}dx$$

AB 杆 $V_{\varepsilon 1} = \int \frac{F_N^2(x)}{2E_1 A}dx = \frac{P^2 L}{2E_1 A}$，则 $\Delta_1 = \frac{\partial V_{\varepsilon 1}}{\partial P} = \frac{PL}{E_1 A}$.

BC 杆 $V_{\varepsilon 2} = \int \frac{M^2(x)}{2E_2 I}dx$，其中 $M(x) = P'x - \frac{1}{2}qx^2 (0 < x < L)$，则 $\frac{\partial M(x)}{\partial P'} = x$，即

$$\Delta_2 = \frac{\partial V_{\varepsilon 2}}{\partial P'} = \int \frac{M(x)}{E_2 I}\frac{\partial M(x)}{\partial P'}dx = \int_0^L \frac{P'x - \frac{1}{2}qx^2}{E_2 I}\cdot x\,dx = \frac{P'\cdot \frac{L^3}{3} - \frac{qL^4}{8}}{E_2 I}$$

因为 AB 杆和 BC 杆在 B 点处的相对位移为零，所以 $\Delta_1 + \Delta_2 = 0$

$$\frac{PL}{E_1 A} + \frac{P'\cdot \frac{L^3}{3} - \frac{qL^4}{8}}{E_2 I} = \frac{PL}{E_1 A} - \frac{P\cdot \frac{L^3}{3} + \frac{qL^4}{8}}{E_2 I} = 0 \Rightarrow P = \frac{qL^4}{8E_2 I\left(\frac{L}{E_1 A} - \frac{L^3}{3E_2 I}\right)}$$

（2）由（1）可知 $P = \frac{qL^4}{8E_2 I\left(\frac{L}{E_1 A} - \frac{L^3}{3E_2 I}\right)}$，$\Delta_B = \frac{PL}{E_1 A}$，则 B 点位移为

$$\Delta_B = \Delta_1 = \frac{qL^5}{8E_2 E_1 IA\left(\frac{L}{E_1 A} - \frac{L^3}{3E_2 I}\right)}$$

习题 16–11

解：

（1）校核上半部分

如图 16-21 所示：

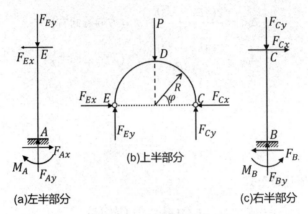

图 16-21　各组件受力分析

通过计算 CD 部分，易知 $M(\theta) = F_{Cy}R(1 - \cos\theta) - F_{Cx}R\sin\theta$，
则应变能不难得出

$$V_\varepsilon = \int \frac{M^2(\theta)R}{2EI}d\theta$$

利用卡氏第二定理，又因为 C 点无位移，所以 $\Delta_C = \frac{\partial V_\varepsilon}{\partial F_{Cx}} = 0$，
即

$$\int_0^{\frac{\pi}{2}} \frac{F_{Cy}R(1 - \cos\theta) - F_{Cx}R\sin\theta}{EI}R^2\sin\theta = 0$$

$$= \frac{R^3}{EI}\int_0^{\frac{\pi}{2}} \frac{-\frac{P}{2}R(1 - \cos\theta)\sin\theta + F_{Cx}\sin^2\theta}{EI}d\theta = 0$$

计算可得

$$F_x \cdot \frac{\pi}{2} \cdot \frac{1}{2} - \frac{P}{2} + \frac{P}{4} = 0$$

则 $F_x = \frac{P}{\pi}$．

综上右半弧 CD 段 $M(\theta) = \frac{PR}{2}(1 - \cos\theta) - \frac{PR}{\pi}\sin\theta$．

对其求导 $M'(\theta) = \frac{PR\sin\theta}{2} - \frac{PR}{\pi}\cos\theta$．

当 $M'(\theta) = 0$ 时，即 $\theta = \arctan\frac{2}{\pi}$ 时，此时 $M(\theta)$ 达到最大

$$M(\theta)_{max} = \frac{PR}{2}\left(1 - \frac{\pi}{\sqrt{2^2 + \pi^2}}\right) - \frac{PR}{\pi} \cdot \frac{2}{\sqrt{2^2 + \pi^2}}$$

即

$$\sigma_{max}^1 = \frac{M(\theta)_{max}}{W_z} = \frac{\frac{PR}{2}\left(1 - \frac{\pi}{\sqrt{2^2 + \pi^2}}\right) - \frac{PR}{\pi} \cdot \frac{2}{\sqrt{2^2 + \pi^2}}}{bh^2/6} < [\sigma]$$

则

$$[P]_1 = \frac{\dfrac{bh^2}{6} \times [\sigma]}{\dfrac{R}{2} \times \left(1 - \dfrac{\pi}{\sqrt{2^2 + \pi^2}}\right) - \dfrac{R}{\pi} \cdot \dfrac{2}{\sqrt{2^2 + \pi^2}}}$$

（2）校核下半部分 CB 段

a. 强度校核

$$F_y = \frac{P}{2}$$

$$\sigma = \frac{F_y}{A} = \frac{P}{2bh} < [\sigma]$$

b. 压杆稳定校核

$$[P]_2 = [\sigma] \cdot 2bh$$

因为是大柔度杆，并且根据 $\lambda = \dfrac{\mu L}{i}$ 可知，垂直于该面的柔度最大，即

$$\frac{P}{2} \leq F_{cr} = \frac{\pi^2 EI}{(\mu L)^2} = \frac{\pi^2 E}{L^2} \times \frac{hb^3}{12}$$

则

$$[P]_3 = \frac{\pi^2 E h b^3}{6L^2}$$

综上结构的许用荷载 $[P]$ 为

$$[P] = \min\left\{[P]_1、[P]_2、[P]_3\right\}$$

思路： 压杆稳定和强度校核的结合．这道题的难点在于需要考虑强度校核和压杆稳定，同时利用卡氏第二定理求解超静定问题．

习题 16–12

解：

（1）如图 16-22 所示，虚设水平力为 $P_x = 0$，

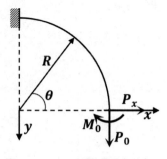

图 16–22　1/4 圆弧受力分析

弯矩方程为

$$M(x) = M_0 + P_0 R(1 - \cos\theta) - P_x R\sin\theta\big|_{P_x = 0}$$

又因为 $V_\varepsilon = \int \dfrac{F_N^2}{2EA}dx + \int \dfrac{M^2}{2EI}dx + \int \dfrac{T^2}{2GI_p}dx$，所以代入可得弯曲变形能表达式为

$$V_\varepsilon = \int_0^{\frac{\pi}{2}} \frac{M^2(\theta)}{2EI} R\,d\theta = \int_0^{\frac{\pi}{2}} \frac{[M_0 + P_0 R(1-\cos\theta) - P_x R\sin\theta]^2}{2EI} R\,d\theta \Bigg|_{P_x = 0}$$

（2）

a. B 转角

$$\frac{\partial M(x)}{\partial M_0} = 1$$

代入卡氏定理得

$$\varphi_B = \frac{\partial V_\varepsilon}{\partial M_0} = \int_0^{\frac{\pi}{2}} \frac{(M_0 + P_0 R(1-\cos\theta) - P_x R\sin\theta) * 1}{EI} R\,d\theta \Bigg|_{P_x = 0}$$

$$= \frac{\frac{\pi}{2} M_0 R + (\frac{\pi}{2} - 1) P_0 R^2}{EI}$$

b. B 位移

i. B 竖直位移

$$\frac{\partial M(x)}{\partial P_0} = R(1 - \cos\theta)$$

代入卡氏定理得

$$\Delta_{yB} = \frac{\partial V_\varepsilon}{\partial P_0} = \int_0^{\frac{\pi}{2}} \frac{(M_0 + P_0 R(1-\cos\theta) - P_x R\sin\theta) * R(1-\cos\theta)}{EI} R\,d\theta \Bigg|_{P_x = 0}$$

$$= \frac{1}{EI}\left(M_0 R^2(\frac{\pi}{2} - 1) + P_0 R^3(\frac{3\pi}{4} - 2)\right)$$

ii. B 水平位移

$$\frac{\partial M(x)}{\partial P_x} = R\sin\theta$$

代入卡氏定理得

$$\Delta_{xB} = \frac{\partial V_\varepsilon}{\partial P_x} = \int_0^{\frac{\pi}{2}} \frac{(M_0 + P_0 R(1-\cos\theta) - P_x R\sin\theta) * R\sin\theta}{EI} R\,d\theta \Bigg|_{P_x = 0}$$

$$= \frac{1}{EI}\left(M_0 R^2 + \frac{1}{2} P_0 R^3\right)$$

习题 16–13

解：

（1）卡式第一定理解法

如图 16-23 所示：

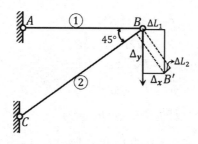

图 16-23　桁架结构变形后位移分析

当水平位移与铅垂位移同时发生时，则有

$$\Delta L_1 = \Delta_x , \qquad \Delta L_2 = \frac{\sqrt{2}}{2}\left(\Delta_y - \Delta_x\right)$$

分析应变能密度（分析本构方程 $\sigma = F\sqrt{\varepsilon}$ ）

$$v_\varepsilon = \int_0^{\varepsilon_1} \sigma \, d\varepsilon = \frac{2F}{3}\varepsilon^{\frac{3}{2}} = \frac{2\sigma^3}{3F^2}$$

$$V_\varepsilon = \int_V v_\varepsilon \mathrm{d}V = v_\varepsilon V = v_\varepsilon AL = \frac{2FAL}{3}\varepsilon^{\frac{3}{2}} = \frac{2FAL}{3}\left(\frac{\Delta L}{L}\right)^{\frac{3}{2}}$$

$$V_\varepsilon = \sum \frac{2FAL_i}{3}\left(\frac{\Delta L_i}{L_i}\right)^{\frac{3}{2}} = \frac{2FAL}{3}\left(\frac{\Delta_x}{L}\right)^{\frac{3}{2}} + \frac{2FA * \sqrt{2}L}{3}\left[\frac{\left(\frac{\sqrt{2}}{2}\left(\Delta_y - \Delta_x\right)\right)}{\sqrt{2}L}\right]^{\frac{3}{2}}$$

$$= \frac{2FA}{3\sqrt{L}}[\Delta_x^{\frac{3}{2}} + \frac{\left(\Delta_y - \Delta_x\right)^{\frac{3}{2}}}{2}]$$

$$\frac{\partial V_\varepsilon}{\partial \Delta_x} = 0 , \qquad \frac{\partial V_\varepsilon}{\partial \Delta_y} = P$$

$\triangle_x$ 和 $\triangle_y$ 是未知量，其余均为已知量，求 $\triangle_x$ 和 $\triangle_y$

$$\Delta_x = \frac{P^2 L}{F^2 A^2} , \qquad \Delta_y = \frac{5 P^2 L}{F^2 A^2}$$

（2）余能定理解法（当线弹性杆件或杆系时才为卡氏第二定理）

如图 16-24 所示：

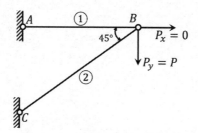

图 16-24　桁架结构变形后受力分析

分析 B 节点静力平衡方程 $F_x = 0$，$F_y = 0$，

（此处为避免符号冲突，将杆件的受力写为 P）

$$P_1 = P_x + P_y$$

$$P_2 = \sqrt{2}P_y = \sqrt{2}P$$

分析余能密度（分析本构方程 $\sigma = F\sqrt{\varepsilon}$ ）

$$v_c = \int_0^{\sigma_1} \varepsilon \, d\sigma = \frac{\sigma^3}{3F^2}$$

若令 $\mathrm{d}x\mathrm{d}y\mathrm{d}z = \mathrm{d}V$，则整个拉杆内所积蓄的余能为

$$V_c = \int \mathrm{d}V_c = \int_V v_c \mathrm{d}V$$

又因在拉杆整个体积内各点处的为 v_ε 常量（均匀受力，静力平衡方程 $\sigma = P/A$），故有

$$V_c = \int_V v_c \mathrm{d}V = v_c V = v_c AL = \frac{\sigma^3 AL}{3F^2} = \frac{P^3 L}{3F^2 A^2}$$

$$V_c = \sum \frac{P_i^3 L_i}{3F^2 A^2} = \frac{1}{3F^2 A^2} \left[(P_x + P_y)^3 * L + (\sqrt{2}P_y)^3 * \sqrt{2}L \right]$$

$$\Delta_x = \left. \frac{\partial V_c}{\partial P_x} \right|_{P_x=0} = \frac{P^2 L}{F^2 A^2}, \qquad \Delta_y = \left. \frac{\partial V_c}{\partial P_y} \right|_{P_x=0} = \frac{5P^2 L}{F^2 A^2}$$

第 17 章　压杆稳定

正　文

17.1　压杆稳定的基本概念

17.1.1　压杆稳定的平衡

当压杆承受轴向压力后，在杆上施加一个微小的横向力，使杆发生弯曲变形，然后撤去横向力后，杆的轴线将恢复到原来的直线平衡状态．

不稳定的平衡：当轴向压力增大到一定界限值时，撤去横向力后，杆的轴线将保持弯曲的平衡状态，而不再恢复其原有的直线平衡状态．如图 17-1 所示：

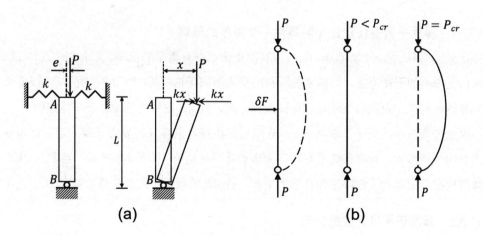

图 17-1　弹性平衡稳定

17.1.2　临界压力

由稳定的平衡转化为不稳定的平衡时压杆所受到的轴线压力界限值．

17.1.3　失稳

中心受压直杆在临界压力 F_{cr} 作用下，其直线状态下的平衡开始逐渐丧失稳定性．

17.1.4　细长杆的欧拉公式

$F_{cr} = \dfrac{\pi^2 EI}{(\mu L)^2}$ ，其中 μ 为长度因数，μL 为相当长度

$$\sigma_{cr} = \frac{F_{cr}}{A} = \frac{\pi^2 E}{\left(\mu L / i\right)^2} = \frac{\pi^2 E}{\lambda^2} \leq \sigma_p, \ \lambda = \frac{\mu L}{i}$$

其中 λ 为柔度，是判断杆件哪个方向容易失稳的依据，因为柔度越大，越容易失稳．

$$\lambda \geq \sqrt{\frac{\pi^2 E}{\sigma_p}} = \lambda_p$$

其中 λ_p 为能应用欧拉公式的压杆柔度的界限值．通常 $\lambda \geq \lambda_p$ 的压杆为大柔度压杆，此时才能借用欧拉公式来求临界压力．

17.1.5　若细长压杆有局部削弱，则对强度会产生显著影响（截面面积减小和应力集中效应），但是对弯矩的计算影响较小，对压杆的稳定性影响也较小（因为这两者都是对于整体而言的）

17.2　压杆稳定的基本概念（对弹性平衡整体的理解）

17.2.1　弹性平衡的稳定性（对弹性平衡整体的理解）[1]

稳定平衡：系统处于平衡状态．若对原有的平衡形态有微小的位移，其弹性回复力（或力矩）使系统回复原有的平衡形态，则称系统原有的平衡形态是稳定的．如图 7-2 所示，当 $Px < 2kxL$ 时，即整体结构在一定扰动下还可以保持静力平衡，杆 AB 的铅垂平衡形态是稳定的．

不稳定平衡：系统处于平衡状态．若有微小的位移，其弹性回复力（或力矩）使系统不再回复原有的平衡形态，则称系统原有的平衡形态是不稳定的．如图 7-2 所示，当 $Px \geq 2kxL$ 时，即整体结构在一定扰动下没办法保持静力平衡，杆 AB 的铅垂平衡形态是不稳定的．

17.2.2　弹性平衡稳定性的特征

（1）弹性平衡稳定性是对于原来的平衡形态而言的；

（2）弹性平衡的稳定性取决于杆件所受的压力值：①稳定平衡 $P < 2kL$；②不稳定平衡 $P \geq 2kL$；

（3）弹性平衡的稳定性与弹性元件的弹簧常数 k 和杆件的长度 L 有关．

---

[1]　胡增强：《材料力学 800 题》，中国矿业大学出版社 1994 年版，第 560 页．

17.2.3　研究弹性平衡的稳定性，需对结构变形后的形态进行分析

如图 17-2 所示：

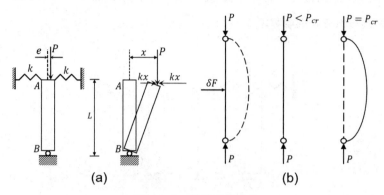

图 17–2　弹性平衡稳定

请注意，材料力学中压杆稳定属于弹性平衡，不需要考虑刚性平衡．

17.2.4　刚体平衡的不稳定平衡

若稍偏离平衡位置，就会出现使系统不再回复到原有平衡位置（或进一步偏离平衡位置）的倾覆力．如图 17-3 所示：

图 17–3　刚性平衡稳定

17.2.5　临界压力的概念

17.2.5.1　临界压力

系统由稳定平衡过渡到不稳定平衡的临界值．在临界压力作用下，系统的原有平衡形态开始丧失稳定．当 $P = 2kL$ 时，系统不能再回复原有的铅垂平衡形态，而将在微斜形态下保持平衡，其压力 $P = 2kL$，称为临界压力，记为 P_{cr}．

17.2.5.2　压杆的临界压力

压杆由原来的直线平衡形态转变为微弯平衡形态时的压力值，也即开始丧失直线平衡形态稳定时的压力值．

【例题 i】

应用图 17-4 中的结构模型，若刚性杆 AB 承受具有微小偏心率 e 的轴向压力 P 作用，如图所示，试讨论偏心压力 P 的临界值.

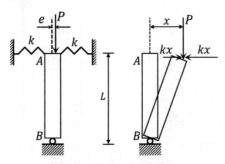

图 17-4　弹性平衡稳定

解：

先求平衡时的横向位移 x，由静力平衡条件

$$\sum M_B = 0 , \quad 2(kxL) - P(x + e) = 0$$

所以横向位移为

$$x = \frac{L}{2kL - P}$$

满足上式的压力 P 与横向位移 x 之间的关系曲线如图 17-5 所示：

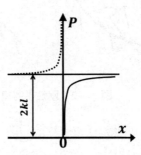

图 17-5　压力与横向位移之间的关系曲线

由于载荷 P 具有偏心率 e，因此刚性杆 AB 总是在倾斜情况下保持平衡，当 P 很小时横向位移 x 是非常小的，但当 P 接近于 $P = 2kL$ 时横向位移 x 趋于无穷大，

这时临界压力定义为横向位移趋于无穷大时的压力值，其值为

$$P_{cr} = 2kL$$

当 $P > P_{cr}$ 时，满足静力平衡条件的位置如图 17-5 中虚线所示.

但事实上，在扰动期间压力 P 保持不变，因此，这个新位置是一个不平衡的位置，而且不平衡的趋势是使刚性杆远离初始的平衡位置. 因此，当 $P > P_{cr} = 2kL$ 时，对于微小位移 x 的平衡位置是不稳定的.

值得注意的是，偏心压力作用下的临界压力与中心受压作用下的临界压力值相同，均为

$$P_{cr} = 2kL$$

压力具有偏心率的假设，对于实际的弹性压杆可能具有的初曲率、材料不均匀性，以及轴向压力不是严格地与杆件轴线重合等缺陷，是一个很有用的模型.

（以上就是稳定性的理解，还有对于这个模型的证明，很有实际意义）

事实上，在扰动期间压力 P 保持不变，所以可以参考习题 17-1 的结构失稳，当杆件失稳但结构还未失稳的情况下，已经失稳的杆件还是能承受临界载荷 P_{cr}，继续增大的外力 ΔP 会施加在未失稳杆件上.

对于压杆有微小扰动的压杆问题，当荷载 P 小于某临界荷载时，外力势能可以被内力势能吸收，处于稳定状态；而当荷载 P 大于某临界值时总会有一小部分势能转化为动能，处于非稳定状态.

因此判断整体结构是否失稳，可以从其结构最终状态是否处于压力 P 的大小基本不变，但位移会显著增大来判别，此时是结构整体受力的不平衡.

17.3 杆件挠曲线微分方程及临界荷载问题

对弯曲杆件挠曲线微分方程及临界荷载问题的讨论（通常会与能量法相结合以作为压轴大题，应该熟练掌握）.

17.3.1 无轴力只有弯矩和剪力的情况下的弯曲杆件挠曲线微分方程

此时仅为简单的弯曲构件，并不是压杆稳定的范围，代入挠曲线微分方程 $EIw'' = -M(x)$ 中，通过对应的边界条件进行求解，一般为求 $w^{(4)} = M'' = q(x)$ 利用该条件来求解方程的特解.

具体方法为：解析法（习题 17-5），初参数法. 这一类问题重点在于计算，尤其是运用解析法求解，但步骤形式基本上不会改变.

17.3.2 有轴力的情况下的弯曲杆件挠曲线微分方程

求压杆稳定情况下挠曲线微分方程 $w(x)$ 的表达式.

而在有轴力的情况下又可以分为直接解析法和能量法.

17.3.2.1 直接解析法 [1]

（1）**梁上无外剪力，仅轴力**. 梁不受剪力或者外剪力仅存在于端点处，即剪力大小在梁上不会发生变化，剪力图为长方形. 一般用来求长度因数 $\mu = 1$、0.5、0.7、2. 如习题 17-2.

---

[1] 孙训方、方孝淑、关来泰：《材料力学（I）》，高等教育出版社 2019 年版，第 311 页.

思路：

a. 建立 $M(x)$ 的表达式，联立 $EIw'' = -M(x)$.

这个式子是**完成时**，即这个公式表达的是梁已经出现弯曲，也就是说出现在这个公式里的各个数值均为弯曲状态下的数值.

b. 写出 $w(x)$ 的通解方程式，代入边界条件，求出 kL，此时 F_{cr}（$\frac{F_{cr}}{EI} = k^2$）也能求出来. 反代入 $w(x)$ 方程中，即得 $w(x)$ 表达式.

请注意，如果临界力 F_{cr} 的求解比较麻烦的话，列出求解式即可，不一定全是欧拉方程形式 $F_{cr} = \frac{\pi^2 EI}{(\mu L)^2}$，如习题 17-9.

（2）**梁上有外剪力和轴力**.（一般为梁上受集中剪力，或者均布力、土抗力等作用，即剪力大小在梁上会发生变化，如习题 17-5）

思路：

a. 这种题型的解法类似于直接解析法，只不过其弯曲方程弯矩方程（平衡微分方程），通常为 $M(x) = Fw(x) + \iint q(x)dxdx$，其中 F 为轴向压力（通常为 F_{cr}），$q(x)$ 为构件上的均布力、土抗力.（题上通常会有提示）

这类题型的特点就在于会把平衡微分方程 $\frac{dQ(x)}{dx} = q(x)$，$\frac{dM(x)}{dx} = Q(x)$，$\frac{d^2M(x)}{dx^2} = q(x)$ 和挠曲线微分方程 $EIw'' = -M(x)$ 结合起来.

如此便可将土抗力 $kw(x)$ 和挠度方程 $w(x)$ 联立起来，建立失稳时的平衡微分方程，即带 F_{cr} 的有关于 $w(x)$ 的公式.

b. 根据题目中给出的形状函数或 $w(x)$ 的表达式.

此处 $w(x)$ 表达式，类似于试函数法，可能会与实际情况有一定不同，出现误差，但足以在可接受误差范围内求出 F_{cr}. 题目中一般都会直接给 $w(x)$ 形状函数的，不会让考生自己单独设一个出来.

代入上述失稳时的平衡微分方程即带 F_{cr} 的有关于 $w(x)$ 的式子，就可得出 F_{cr} 的表达式.

17.3.2.2 能量法（难点，压轴大题考查的角度，如习题 17-8）

思路：一般根据势能驻值定理，建立铁摩辛柯公式即可. 在建立微分方程后，利用能量法（势能驻值定理）确定 F_{cr}[1].

一般根据定义外力势能增量 $\Delta U =$ 内力势能增量 ΔV_ε.

外力势能是力（以其终值作用）由力的最终位置"倒退"到最初位置所做的功，所以为负值.

结构的总势能由结构的应变能和载荷的势能组合得到，表达式为

---

[1] ［美］铁摩辛柯：《材料力学》，萧敬勋译，天津科学技术出版社 1989 年版，第 433 页.

$$PE = V_\varepsilon - \sum_{i=1}^{n} p_i \delta_i$$

这一总势能表达式适用于任一弹性结构，不论它是线性的还是非线性的.

现在我们假设取势能对任一未知位移 δ_i 的偏导数，那么我们就得到下列方程

$$\frac{\partial PE}{\partial \delta_i} = \frac{\partial V_\varepsilon}{\partial \delta_i} - p_i$$

根据卡氏第一定理，我们知道 $p_i = \frac{\partial V_\varepsilon}{\partial \delta_i}$.

对于每一个未知的节点位移 δ_1、δ_2、……、δ_n 均可应用此方程，因此可得 n 个联立方程

$$\frac{\partial PE}{\partial \delta_1} = 0、\quad \frac{\partial PE}{\partial \delta_2} = 0、\quad \cdots\cdots、\quad \frac{\partial PE}{\partial \delta_n} = 0$$

上述式子即为势能驻值原理的数学表达式.

势能驻值原理： 如果弹性结构（线性或非线性）的势能表示为未知节点位移的函数，那么当这些位移的值使总势能取驻值时，该结构处于平衡状态. 通常结构处于稳定平衡，总势能为一最小值. 对于不稳定结构，此时总势能不为最小值.

对于压杆有微小扰动的压杆问题，当荷载 P 小于某临界荷载时，外力势能可以被内力势能吸收，处于稳定状态；而当荷载 P 大于某临界值时总会有一小部分势能转化为动能，处于非稳定状态.

综上，势能驻值定理的表达为

$$\frac{\partial PE}{\partial \delta_i} = \frac{\partial V_\varepsilon}{\partial \delta_i} - p_i = 0$$

即在压杆稳定过程中，当杆件的外力为 F_{cr} 时，为临界稳定平衡状态. 此时对应的位移为 δ_{cr}，这一位移的值使总势能取驻值时，该结构处于平衡状态.

总势能为一最小值，取驻值，即

$$\Delta PE = 0$$

得到

$$\Delta V_\varepsilon - \Delta U = 0 \rightarrow \Delta V_\varepsilon = \Delta U$$

则力从最终位置"倒退"到最初位置这个过程中，如图 17-6 所示：

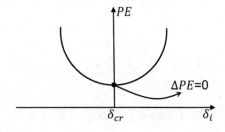

图 17-6　势能随外力位移变化图

$$\Delta V_{\varepsilon} = \int_0^L \frac{M^2(x)}{2EI} dx = \int_0^L \frac{\left(-EIw''\right)^2}{2EI} dx = \frac{EI}{2} \int_0^L \left(w''\right)^2 dx$$

$$\Delta U = F_{cr} \delta_{cr} = F_{cr} * \int_0^L \frac{1}{2} \left(w'\right)^2 dx$$

其中 $\delta_{cr} = \int_0^L \frac{1}{2} \left(w'\right)^2 dx$，

所以

$$F_{cr} = \frac{\Delta U}{\delta_{cr}} = \frac{\Delta U}{\delta_{cr}} = \frac{\frac{EI}{2} \int_0^L \left(w''\right)^2 dx}{\int_0^L \frac{1}{2} \left(w'\right)^2 dx}$$

（该式为铁摩辛柯方程，其推导更偏向利用缓慢加载条件下的功能互等，与理论上的势能驻值定理推导有些差别．但势能驻值定理推导需要用到变分知识，在此不展开推导）

【例题 ii 】

解释梁端的水平位移 $\delta_{cr} = \int_0^L \frac{1}{2} \left(w'\right)^2 dx$ ．

解：

如图 17-7-(a) 所示，假设 AB 梁的一端为销接支座，而另一端可以水平地自由移动，当梁由于承载而弯曲时，B 端将从 B 到 B' 沿水平方向移动一个很小的距离 λ，位移等于梁的原长 L 和弯曲后梁的弦长 AB' 之差．即 $\delta_{cr} = L - \Delta X_{AB'}$，位移变化是用弧线值减去水平值，因为轴压基本上不改变长度，所以弧线可以代表原长．

即原长为 ds 的一个微段，此微段在 x 轴上的投影长度为 dx，如图 17-7-(b) 所示：

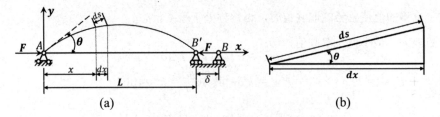

图 17-7 压杆稳定下的水平简支梁

$$d\delta = ds - dx = \frac{dx}{\cos\theta} - dx = \left(\frac{1}{\cos\theta} - 1\right) dx = \frac{1}{2} \theta^2 dx$$

其中 $\theta = w' \ll 1$，

即

$$\delta_{cr} = \int_0^L d\delta = \int_0^L \frac{1}{2} \left(w'\right)^2 dx$$

17.3.3   此外还有利用弯剪矩阵法确定压杆临界力的方法 [1]

---

[1]   李有兴、肖芳淳：《用弯剪矩阵法确定压杆临界力的教学研究》，载《力学与实践》1995 年第 1 期，第 69—71 页。

17.4 压杆失稳方面例题的讨论

17.4.1 推导弹性失稳时的特征方程

思路：直接解析法. 这类题的思路是算出 $M(x)$，然后联立 $EIw'' = -M(x)$，接着建立 w 的特征方程即可，利用边界条件来求解. 虽然看着比较麻烦，但都是固定步骤.

【例题 iii 】

如图 17-8 所示：

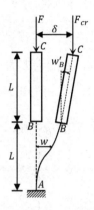

图 17-8　带有一段刚体的压杆稳定

AB 均为细长直杆，A 端固定，其弯曲刚度已知为 EI，BC 为刚杆，两杆在 B 点为刚性连接. 试导出此杆系在 xoy 平面内弹性失稳时的特征方程. 其中 $w_c = \delta$.

解：

$$M(x) = -F_{cr}(\delta - w)$$

$$EIw'' = -M(x) = F_{cr}(\delta - w)$$

$EIw'' + F_{cr}w = F_{cr}\delta \Rightarrow w'' + k^2w = k^2\delta$，其中 $\dfrac{F_{cr}}{EI} = k^2 \neq 0$，

则 $w = A\cos kx + B\sin kx = \delta$，$w' = -Ak\sin kx + Bk\cos kx$.

边界条件：当 $x = 0$ 时，$w = 0$，$w' = 0$，

则 $A + \delta = 0$，$Bk = 0 \Rightarrow A = -\delta$，$B = 0$，

当 $x = L$ 时，即 B 点，$w = w_B$、$w' = w'_B$，由于 w'_B 较小，所以在数学上

$$w'_B \approx \sin w'_B = \frac{\delta - w_B}{L}$$

即

$$A\cos kL + B\sin kL + \delta = w_B, \quad -Ak\sin kL = w'_B = \frac{\delta - w_B}{L}$$

联立 $A = -\delta$，$B = 0$，得

$$kL \cdot \tan kL = 1$$

（求解到此即可，因为 A、B、K 都解出来了，可以写出 $w(x)$ 的特征方程，并且根据 $\frac{F_{cr}}{EI} = k^2$ 可以解出临界压力 F_{cr}，或者写成 $F_{cr} = \dfrac{\pi^2 EI}{(\mu L)^2}$ 来求长度因数 μ. 按照这个步骤可以试求长度因数 $\mu = 1$、0.5、0.7、2 的情况）

17.4.2　长度因数

长度因数 μ，与杆端的约束情况有关.

μL 称为原压杆的相当长度，其物理意义：由于压杆失稳时挠曲线上拐点处的弯矩为零，故可设想拐点处有一铰，而将压杆在挠曲线两拐点间的一段看作为两端绞支压杆.

【例题 iv 】

如图 17-9 所示，4 根边界条件不同，长度为 L 的压杆，上端均受到压力 F 作用. 画出 4 根压杆在屈曲时的变形形状并标注有效长度，并写出有效长度系数.

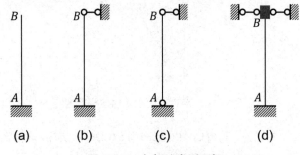

图 17-9　各杆端类型压杆

解：

如图 17-10 所示：

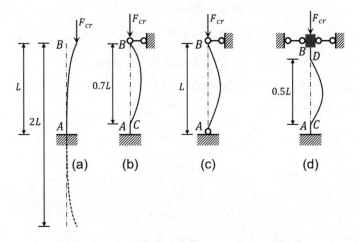

图 17-10　各有效长度系数（C、D 挠曲线拐点）

17.4.3　多次屈曲

如图 17-11 所示：

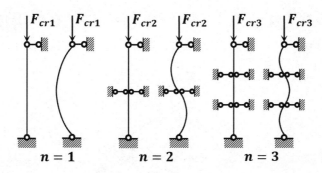

图 17-11　不同次屈曲杆件

习　题

习题 17-1：

如图 17-12 所示，三根杆组成一平面结构，三杆材料相同，EI、A 均相同，且均为大柔度杆，假设由于杆件失稳而引起破坏 .

试求：

（1）分析结构破坏的过程；

（2）求荷载 P 的极限值 P_{max}.

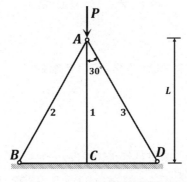

图 17-12　压杆组合结构

习题 17-2:

如图 17-13 所示，两根材料相同，抗弯刚度均为 EI 的细长杆 AB 和 BC，用销钉联结，以保持它们间的夹角为 90°. 设 θ 为载荷 P 与 AB 杆延长线的夹角，且 θ 只能在 $0 \sim \frac{\pi}{2}$ 间变化. 若该结构在载荷 P 的作用下由于杆的失稳而破坏，试求结构的最大临界载荷 P 和此时的 θ 角.

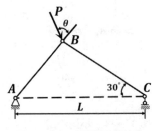

图 17-13　压杆组合结构

习题 17-3:

如图 17-14 所示，平面结构由 4 根等长度的空心圆管组成，圆管截面外直径 $D = 80mm$，内直径 $d = 30mm$，AB $= 2.5m$；杆件杨氏模量 $E = 200GPa$，$[\sigma] = \sigma_p = 160MPa$. 试求结构的许可载荷 $[P]$.

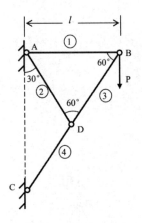

图 17-14　压杆组合结构

习题 17-4:

如图 17-15 所示，已知 BC 大柔度杆件抗拉刚度为 EA，AC 杆抗弯刚度为 EI，长度均为 L，BC 杆的线膨胀系数为 a，温度升高多大时 BC 杆处于压杆稳定的极限状态.

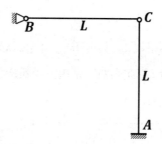

图 17-15　压杆组合杆件

习题 17-5:

如图 17-16 所示,弹性地基中有一单位宽度地基梁,若按照 *WinkLer* 地基梁假定(梁身任一点的土抗力和该点的位移成正比)进行求解,其地基刚度为 k,梁的抗弯刚度为 *EI*.

(1)如果分布载荷可表达为低于 4 次的多项式,写出该弹性地基梁挠曲线微分方程,并求其通解;

(2)如果该弹性地基梁左端固定,右端简支,写出其边界条件.

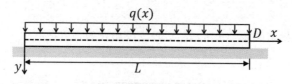

图 17-16　弹性地基中的单位宽度地基梁

习题 17-6:

如图 17-17 所示,重量为 P 的等截面直梁,放置在水平刚性平面上,若受 $\frac{P}{3}$ 的力作用后,未提起部分仍保持与平面密合,试求 BC 段的弯矩方程.

请注意,考虑剪切变形梁的挠曲线微分方程 $\frac{d^2w}{dx^2} = \frac{M}{EI} - \frac{\alpha_s q}{GA}$,其中 w、q 分别是挠度和荷载集度(向上为正),a_3 是与截面形状有关的剪切系数,M 是弯矩(左端面顺时针为正,右端面逆时针为正),EI 是抗弯刚度,G 是剪切模量,A 是梁的截面积.

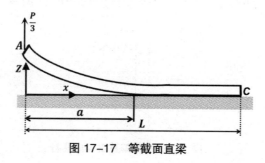

图 17-17　等截面直梁

习题 17-7:

如图 17-18 所示，一具有两种不同惯性矩的简支压杆，试采用势能驻值原理计算该理想简支压杆失稳临界载荷 P_{cr} 的近似值. 形状函数可采用 $v = \delta \sin \frac{\pi x}{L}$，其中 δ 为柱中间处的挠度.

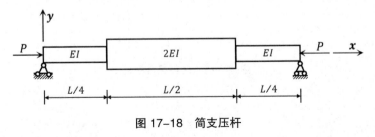

图 17-18　简支压杆

习题 17-8:

压杆有微小扰动的压杆问题，当荷载 P 小于某临界荷载时，外力势能可以被内力势能吸收处于稳定状态；而当荷载 P 大于某临界值时总会有一小部分势能转化为动能，处于非稳定状态. 如图 17-19 所示，两端简支压杆的抗弯刚度 EI 为常数，梁长为 L，压杆微弯时挠度方程为 $w = a \sin \frac{\pi x}{L}$.

试根据能量原理确定图 17-19 所示两端铰支细压杆的临界荷载 P_{cr}.

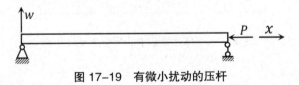

图 17-19　有微小扰动的压杆

习题 17-9:

结合如图 17-20 所示的结构回答以下问题.

求解：

（1）推导图示结构的挠曲线微分方程 $w(x)$ 的表达式；

（2）假设边界条件为：$w(x = 0) = 0$，$\frac{dw}{dx}\big|_{x=0} = 0$，$w(x = L) = \Delta$，求 F_{cr} 应满足的方程.

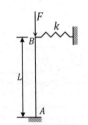

图 17-20　带弹簧支座的压杆

习题 17–10：

如图 17-21 所示，弹性地基中有一组等截面矩形梁，长度为 L，宽度为 b，高度为 h. 梁受轴向压力 F 的作用. 若按照 $WinkLer$ 地基梁假定（梁身任一点的土抗力和该点的位移成正比）进行求解，其地基刚度为 k.

（1）试建立该梁失稳的平衡微分方程；

（2）假设失稳模式为 $w = A\sin\frac{\pi}{L}x$，求解失稳时的临界荷载.

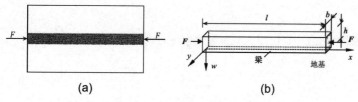

图 17–21　弹性地基中的等截面矩形梁

习题 17–11：

如图 17-22 所示的一端固定一端自由的杆件结构，其自由端受外力 P 的作用.

试求：

（1）推导其临界荷载的大小；

（2）当杆上作用拉力时，是否会出现失稳现象，并解释其原因.

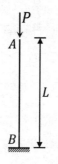

图 17–22　压杆

习题参考答案

习题 17–1

解：

（1）根据题目可知，杆 1、2、3 都是大柔度杆，因此由欧拉公式

$$F_{cr} = \frac{\pi^2 EI}{(\mu L)^2}$$

a. 则对杆 1

$$F_{cr1} = \frac{\pi^2 EI}{(0.7L)^2} = \frac{\pi^2 EI}{0.49L^2}$$

b. 则对杆 2、3

$$F_{cr2} = F_{cr3} = \frac{\pi^2 EI}{(L/\cos 30°)^2} = \frac{3\pi^2 EI}{4L^2}$$

因为是超静定结构，所以根据各杆件的变形协调

$$\Delta_1 = \frac{\Delta_2}{\cos 30°} = \frac{\Delta_3}{\cos 30°}$$

$$\Delta_1 = \frac{F_{N1}L}{EA}, \quad \Delta_2 = \Delta_3 = \frac{F_{N2}L}{EA\cos 30°}$$

再根据静力平衡 $F_{N2} = F_{N3} = \frac{3P}{3\sqrt{3}+4}$, $F_{N1} = \frac{4P}{3\sqrt{3}+4}$.

假设杆 2、3 先达到失稳，则此时 $F_{N2} = F_{N3} = F_{cr2} = F_{cr3}$，

即 $F_{N2} = \frac{3P}{3\sqrt{3}+4} = F_{cr2} = \frac{3\pi^2 EL}{4L^2}$，此时 $P = \frac{(3\sqrt{3}+4)\pi^2 EI}{4L^2}$，

则 $F_{N1} = \frac{4P}{3\sqrt{3}+4} = \frac{\pi^2 EI}{L^2} \leq F_{cr1} = \frac{\pi^2 EI}{0.49L^2}$，即杆 1 此时未失稳.

所以推得，杆 2、3 先失稳，之后杆 1 接着失稳，此时结构才会出现失稳破坏.

（2）由（1）可知，是杆 2、3 先失稳，之后杆 1 接着失稳，

即当三根杆件均达到失稳破坏时，P 为最大值 P_{max}，此时

$$P_{max} = 2F_{cr2}\cos 30° + F_{cr1} = 2 \times \frac{3\pi^2 EI}{4L^2} \times \frac{\sqrt{3}}{2} + \frac{\pi^2 EI}{0.49L^2} = 3.3\frac{\pi^2 EI}{L^2}$$

思路： 如果要求计算结构破坏过程，则按照超静定结构处理，把各杆件分配的力计算出来就行，接着假设一种情况进行验证.

如要求计算临界荷载，则按照三根杆件全部达到临界荷载，矢量相加.

习题 17-2

解：

（1）受力分析

由节 B 点的平衡条件

$$\sum X = 0, \quad N_{AB} = P\cos\theta$$

$$\sum Y = 0, \quad N_{BC} = P\sin\theta$$

（2）载荷 P 为最大临界值时的 θ 角

当杆 AB 和 BC 同时达到临界值时，载荷 P 的临界值为最大，由欧拉公式

$$N_{AB} = \frac{\pi^2 EI}{L_{AB}^2} = \frac{\pi^2 EI}{(L\sin 30°)^2} = \frac{4\pi^2 EI}{L^2} = P\cos\theta$$

$$N_{BC} = \frac{\pi^2 EI}{L_{BC}^2} = \frac{\pi^2 EI}{(L\cos 30°)^2} = \frac{4\pi^2 EI}{3L^2} = P\sin\theta$$

则 $\tan\theta = \dfrac{N_{BC}}{N_{AB}} = \dfrac{1}{3}$.

所以可得 $\theta = 18°\ 26'$.

思路： 分析各杆件的临界荷载（注意约束的不同，会导致长度系数的不同），然后利用受力分析，来求整体的临界荷载需要满足的条件，即先局部再整体，常考. 此外若 θ 为自由变化的角度，则需要考虑许用荷载，进行杆件的强度校核.

习题 17-3

解：

$$F_{N3} = \frac{2\sqrt{3}P}{3}, \quad F_{N1} = \frac{\sqrt{3}P}{3}$$

由平衡方程可知

$$F_{N3} = \frac{2\sqrt{3}P}{3}, \quad F_{N1} = \frac{\sqrt{3}P}{3}$$

由于 BD 与 CD 在同一条直线上，因此 AD 杆为零杆，即

$$F_{N4} = F_{N3} = \frac{2\sqrt{3}P}{3}, \qquad F_{N2} = 0$$

AB 杆受拉属于强度问题，BD、DC 杆受压属于压杆稳定问题

$$i = \sqrt{\frac{I}{A}} = \sqrt{\frac{\frac{\pi^4}{64}\left[1 - \left(\frac{d}{D}\right)^4\right]}{\frac{\pi D^2}{4}\left[1 - \left(\frac{d}{D}\right)^4\right]}} = 2.14 \times 10^{-2}$$

$$\lambda = \frac{\mu L}{i} = \frac{1 \times 2.5}{2.14 \times 10^{-2}} = 116.8$$

$$\lambda_p = \pi\sqrt{\frac{E}{\sigma_p}} = \pi\sqrt{\frac{200 \times 10^9}{160 \times 10^6}} = 111.07$$

因为 $\lambda > \lambda_p$，所以则 BD、DC 杆属于大柔度杆

$$F_{cr} = \frac{\pi EI}{(\mu L)^2} = 622451N$$

校核强度

$$\sigma_{\max} = \frac{F_{N3}}{A} = \frac{F_{cr}}{A} = 144.1MPa < [\sigma] = 160MPa$$

因此许可荷载

$$[P] = \frac{\sqrt{3}}{2}F_{N3} = 539058.4N$$

思路：分析结构，把各杆件受力求出来．并且分析各杆件的约束条件，把柔度 $\lambda = \frac{\mu L}{i}$ 求出来（一般为大柔度杆件，即 $\lambda = \frac{\mu L}{i} > \lambda_p$），然后代入欧拉公式即可．

习题 17–4

解：

设 A 点位移为 ΔL，则 BC 变形协调关系为 $\Delta L = \Delta L_0 - \frac{F_N}{EA}$，

其中 $\Delta L_0 = a \cdot \Delta T \cdot L$，

AC 的变形关系为 $\Delta L = \frac{F_N L^3}{3EI}$．

又根据压杆稳定的临界条件来看

$$F_N = F_{cr} = \frac{\pi^2 EI}{L^2}$$

综上，得

$$\frac{F_N L^3}{3EI} = \alpha \cdot \Delta T \cdot L - \frac{F_N L}{EA}$$

$$\frac{L^3}{3EI} \cdot \frac{\pi^2 EI}{L^2} = \alpha \cdot \Delta T \cdot L - \frac{L}{EA} \cdot \frac{\pi^2 EI}{L^2}$$

$$\Delta T = \frac{\pi^2}{3\alpha} + \frac{\pi^2 I}{AL^2 \alpha}$$

习题 17–5

解：

（1）根据挠曲线近似微分方程（位移与弯矩之间的微分关系）

$$EI \frac{d^2 w}{dx^2} = M(x)$$

因为分布载荷 $q(x)$、剪力 $Q(x)$、弯矩 $M(x)$，它们的微分关系

$$\frac{dQ(x)}{dx} = kw(x) - q(x), \quad \frac{dM(x)}{dx} = Q(x) = \int_0^x [kw(t) - q(t)]\, dt$$

此时

$$kw(x) - q(x) = \frac{dQ(x)}{dx} = \frac{d^2 M(x)}{dx^2}$$

代入得

$$EIw^{(4)} = kw(x) - q(x)$$
$$EIw^{(4)}(x) - kw(x) = -q(x)$$
$$w^{(4)}(x) - \frac{k}{EI}w(x) = \frac{-q(x)}{EI}$$

则齐次特征方程为 $r^4 - \frac{k}{EI} = 0$，解得特征值为

$$r_{1,2} = \pm\left(\frac{k}{EI}\right)^{\frac{1}{4}}, \qquad r_{3,4} = \pm\left(\frac{k}{EI}\right)^{\frac{1}{4}} \cdot i$$

则齐次通解为

$$w(x) = C_1 e^{\left(\frac{k}{EI}\right)^{\frac{1}{4}}} + C_2 e^{-\left(\frac{k}{EI}\right)^{\frac{1}{4}}} + C_3 \sin\left[\left(\frac{k}{EI}\right)^{\frac{1}{4}} \cdot x\right] + C_4 \cos\left[\left(\frac{k}{EI}\right)^{\frac{1}{4}} \cdot x\right]$$

此外又因为 $q^{(4)}(x) = 0$，可以凑特解为 $w(x) = \frac{q(x)}{k}$.

综上通解为

$$w(x) = C_1 e^{\left(\frac{k}{EI}\right)^{\frac{1}{4}} \cdot x} + C_2 e^{-\left(\frac{k}{EI}\right)^{\frac{1}{4}} \cdot x} + C_3 \sin\left[\left(\frac{k}{EI}\right)^{\frac{1}{4}} \cdot x\right] + C_4 \cos\left[\left(\frac{k}{EI}\right)^{\frac{1}{4}} \cdot x\right] + \frac{q(x)}{k}$$

（2）若左端固结，右端简支，则边界条件为 $x = 0$ 时，$w'(x) = 0$，$w(x) = 0$；$x = L$ 时，$w(x) = 0$.

思路：建立 $M(x)$ 方程，联立 $EI\frac{d^2w}{dx^2} = -M(x)$，来求解．不过其特征方程的解比较难写出来，需要用到数学上的知识．

习题 17-6

解：

将梁的自重转化为作用在全梁段上的均布荷载，则该接触梁的受力如图 17-23 所示：

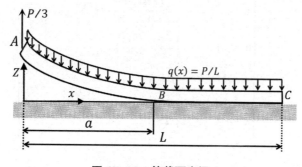

图 17-23　等截面直梁

下面分别对分离段 AB 和接触段 BC 进行讨论：

在分离段 AB，弯矩方程为

$$M_1(x) = \frac{Px}{3} - \frac{P}{2L} \cdot x^2 \quad ①$$

在接触段 BC，其曲率半径为无穷大，故有

$$\frac{d^2w}{dx^2} = \frac{1}{\rho} = 0 \quad ②$$

且根据题意知考虑剪力影响的挠曲线近似微分方程为

$$\frac{d^2w}{dx^2} = \frac{M}{EI} - \frac{\alpha_s q}{GA} \quad ③$$

设 BC 段弯矩函数为 $M_2(x)$，且有 $\frac{d^2 M_2(x)}{dx^2} = q(x)$，代入上式，并且联立式②和式③可得

$$\frac{d^2 M_2(x)}{dx^2} - \frac{GA}{\alpha_s EI} M_2(x) = 0 \quad ④$$

设 $k^2 = \frac{GA}{\alpha_s EI}$，则有

$$M_2''(x) - k^2 M_2(x) = 0 \quad ⑤$$

该微分方程的通解为

$$M_2(x) = C_1 e^{kx} + C_2 e^{-kx} \quad ⑥$$

为了确定系数 C_1 和 C_2，需要代入边界条件进行计算，易知弯矩 $M_2(x)$ 的边界条件为

当 $x = a$ 时，$M_2(a) = M_1(a) = \frac{Pa}{3} - \frac{Pa^2}{2L} \quad ⑦$

当 $x = L$ 时，$M_2(L) = 0 \quad ⑧$

则有

$$C_1 e^{ka} + C_2 e^{-ka} = \frac{Pa}{3} - \frac{Pa^2}{2L} \quad ⑨$$
$$C_1 e^{kL} + C_2 e^{-kL} = 0$$

则方程的对应的增广矩阵及其变换如下

$$\begin{bmatrix} e^{ka} & e^{-ka} & \frac{Pa}{3} - \frac{Pa^2}{2L} \\ e^{kL} & e^{-kL} & 0 \end{bmatrix} \rightarrow \begin{bmatrix} 1 & e^{-2ka} & \left(\frac{Pa}{3} - \frac{Pa^2}{2L}\right) e^{-ka} \\ 1 & e^{-2kL} & 0 \end{bmatrix}$$

$$\rightarrow \begin{bmatrix} 1 & e^{-2ka} & \left(\frac{Pa}{3} - \frac{Pa^2}{2L}\right) e^{-ka} \\ 0 & 1 & -\left(\frac{Pa}{3} - \frac{Pa^2}{2L}\right) \dfrac{e^{-ka}}{e^{-2kL} - e^{-2ka}} \end{bmatrix}$$

$$\rightarrow \begin{bmatrix} 1 & 0 & \left(\frac{Pa}{3} - \frac{Pa^2}{2L}\right)\left(e^{-ka} + \dfrac{e^{-3ka}}{e^{-2kL} - e^{-2ka}}\right) \\ 0 & 1 & -\left(\frac{Pa}{3} - \frac{Pa^2}{2L}\right) \dfrac{e^{-ka}}{e^{-2kL} - e^{-2ka}} \end{bmatrix}$$

可解得

$$C_1 = \left(\frac{Pa}{3} - \frac{Pa^2}{2L}\right)\left(e^{-ka} + \frac{e^{-3ka}}{e^{-2kL} - e^{-2ka}}\right) \quad ⑩$$

$$C_2 = -\left(\frac{Pa}{3} - \frac{Pa^2}{2L}\right) \frac{e^{-ka}}{e^{-2kL} - e^{-2ka}}$$

将式⑩代入式⑥得到 BC 段弯矩 $M_2(x)$

$$M_2(x) = \left(\frac{Pa}{3} - \frac{Pa^2}{2L}\right)\left(e^{-ka} + \frac{e^{-3ka}}{e^{-2kL} - e^{-2ka}}\right)e^{kx} - \left(\frac{Pa}{3} - \frac{Pa^2}{2L}\right)\frac{e^{-ka}}{e^{-2kL} - e^{-2ka}}e^{-kx}$$

思路： 这是剪切作用下的接触梁问题，并且主要是考查对挠曲线微分方程的理解．需要注意的是，这与习题 17-5 的处理方式不同，因为习题 17-5 可列出弯矩方程，且和挠度有关，但该题是弯矩方程未知．

公式⑥的形式类似于挠曲线微分方程一般的解法，即通过 $\frac{d^2w}{dx^2} = \frac{M}{EI}$ 建立 $w(x)$ 的通解，代入边界方程求出其特解．只不过该题已知接触段的 $w(x)$ 和 $M(x)$ 的边界条件，通过 $w(x)$ 来求 $M(x)$．

习题 17–7

解：

由于本题涉及的不是等刚度梁，需要分段进行计算，对挠度函数方程

$$y = \delta \sin\frac{\pi}{L}x$$

求导可得

$$y' = \delta\left(\frac{\pi}{L}\right)\cos\left(\frac{\pi}{L}x\right)$$

$$y'' = -\delta\left(\frac{\pi}{L}\right)^2\sin\left(\frac{\pi}{L}x\right)$$

由于

$$\int_0^L EI(y'')^2 dx = \int_0^{\frac{L}{4}} EI(y'')^2 dx + \int_{\frac{L}{4}}^{\frac{3L}{4}} EI(y'')^2 dx + \int_{\frac{3L}{4}}^L EI(y'')^2 dx$$

$$= EI\delta^2\left(\frac{\pi}{L}\right)^3\left(\frac{\pi}{8} - \frac{1}{4}\right) + 2EI\delta^2\left(\frac{\pi}{L}\right)^3\left(\frac{\pi}{4} + \frac{1}{2}\right) + EI\delta^2\left(\frac{\pi}{L}\right)^3\left(\frac{\pi}{8} - \frac{1}{4}\right)$$

$$= 2EI\delta^2\left(\frac{\pi}{L}\right)^3\left(\frac{3\pi}{8} + \frac{1}{4}\right)$$

且

$$\int_0^L (y')^2 dx = \frac{\pi^2\delta^2}{2L}$$

根据势能驻值定理可知

$$F_{cr} = \frac{\int_0^L EI(y'')^2 dx}{\int_0^L (y')^2 dx} = \frac{(3\pi + 2)\pi EI}{2L^2}$$

思路： 压弯杆件挠曲微分方程及临界荷载问题与能量法相结合．

习题 17–8

解：

当压杆达到临界状态时，若受到外界细微扰动，从原来的直线平衡位置，转换为微弯曲

的平衡状态，其微弯的挠曲线 AB′ 为 $f(x)$，此时杆内增加的弯曲变形能，其数值与挠曲线形状有关．但压缩性能并不改变．因均匀压力 F/A 在直线状态时与在微弯状态时相比无变化，所以 AB′ 曲线与 AB 等长，这样引起 F 作用点的微小位移 $\delta = \overline{B'}$，力 F 做功为 $F\delta_0$．不考虑其他能力损失，此功应等于杆的弯曲变形能 U：$U = F\delta$ ①

δ 的值可由杆的原长 L 与弯曲后的长度之差得到

$$d\delta = dx - dx\cos\theta \approx \frac{\theta^2}{2}dx$$

因为 $\theta = \frac{dy}{dx} = y'$，故有 $\delta = \frac{1}{2}\int_0^L (y')^2 dx$ ②

杆在弯曲变形时的变形能为

$$U = \int_0^L \frac{M^2\, dx}{2EI} = \frac{1}{2}\int_0^L EI(y'')^2 dx \quad ③$$

将②③代入①可以得到

$$F \cdot \frac{1}{2}\int_0^L (y')^2 dx = \frac{1}{2}\int_0^L EI(y'')^2 dx$$

当 $F = F_{cr}$ 时，压杆处于微弯曲状态，故满足上式的 F 值即为临界力 F_{cr}

$$F_{Cr} = \frac{\int_0^L EI(y'')^2\, dx}{\int_0^L (y')^2\, dx}$$

由题意可知 $y = A\sin\frac{\pi}{L}x$，分别求导数可得

$$y' = A\left(\frac{\pi}{L}\right)\cos\left(\frac{\pi}{L}x\right)$$

$$y'' = -A\left(\frac{\pi}{L}\right)^2\sin\left(\frac{\pi}{L}x\right)$$

$$F_{cr} = \frac{EI\int_0^L \left[-A\left(\frac{\pi}{L}\right)^2\sin\left(\frac{\pi}{L}x\right)\right]^2 dx}{\int_0^L \left[A\left(\frac{\pi}{L}\right)\cos\left(\frac{\pi}{L}x\right)\right]^2 dx} = \frac{\pi^2 EI}{L^2}$$

习题 17-9

解：

如图 17-24 所示：

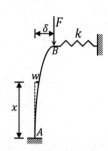

图 17-24　受扰动后的压杆

（1）对其上任一点，建立弯矩方程

$M(x) = k \cdot \Delta(L - x) - P_{cr}[\Delta - w(x)]$ ①

又根据 $w'' = \dfrac{-M(x)}{EI}$ ，即 $-EIw'' = M(x)$ ②

将①代入②，则可得

$$EIw'' + P_{cr} \cdot w = P_{cr} \cdot \Delta - k\Delta(L - x)$$

此时为了方便计算，先用 F 代替 P_{cr}，F_p 代替 $k \cdot \Delta$，
则

$$EIw'' + F \cdot w = F \cdot \Delta - F_p(L - x)$$

令 $k^2 = \dfrac{F}{EI}$ ，则

$$w'' + k^2 \cdot w = k^2 \cdot \Delta - \dfrac{F_p}{F} \cdot k^2 \cdot (L - x)$$

则可设 w 的通解为

$w(x) = A\cos kx + B\sin kx + \Delta - \dfrac{k \cdot \Delta}{P_{cr}} \cdot (L - x)$，其中 $k = \sqrt{\dfrac{P_{cr}}{EI}}$.

（2）已知 w 的通解可设为

$w(x) = A\cos kx + B\sin kx + \Delta - \dfrac{F_p}{F} \cdot (L - x)$，其中 $k = \sqrt{\dfrac{F}{EI}}$，

则 $w' = -Ak\sin kx + Bk\cos kx + \dfrac{F_p}{F}$.

将 $x = 0$，$w' = 0$；$x = 0$，$w = 0$；$x = L$，$w = \Delta$ 代入得

$$\begin{cases} Bk + \dfrac{F_p}{F} = 0 \\ A + \Delta - \dfrac{F_p}{F}L = 0 \\ A\cos kL + B\sin kL = 0 \end{cases}$$

由于 A、B、$\dfrac{F_p}{F}$ 不可能全为零，

可得 $\begin{cases} A = \dfrac{F_p L}{F} - \Delta \\ B = -\dfrac{F_p}{Fk} \end{cases}$ ，从而得到

$$\left(\dfrac{F_p L}{F} - \Delta\right)\cos kL - \dfrac{F_p}{Fk}\sin kL = 0$$

则

$$F = \dfrac{F_p L - \dfrac{F_p}{k}\tan kL}{\Delta}$$

其中 $F = P_{cr}$，$F_p = \sigma \cdot \Delta$（$\sigma$ 指的是弹簧刚度），$k = \sqrt{\dfrac{P_{cr}}{EI}}$，
则 P_{cr} 应该满足的方程为

$$P_{cr} = \sigma \cdot L - \dfrac{\sigma}{\sqrt{P_{cr}/EI}} \cdot \tan\left(\sqrt{\dfrac{P_{cr}}{EI}} \cdot L\right)$$

习题 17–10

解：

（1）地基梁的平衡微分方程

本题主要考虑在土抗力作用下的压杆失稳特性，可以不需要讨论其他方向上失稳，因此对地基梁模型进行平面简化，可等效为一个方向上的力，如果用弹簧来等效，即上部拉伸，下部压缩，所以受力均在同一个方向，如图 17-25 所示：

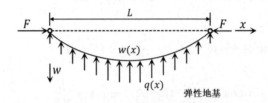

图 17-25　地基梁平面受力示意图

根据 *WinkLer* 地基模型假设，在如图 17-25 所示的坐标系中，任意一点的地基反力 $q(x)$ 与该点的沉降量 $w(x)$ 成正比，即

$$q(x) = k \cdot b \cdot w(x)$$

其中，k 是地基刚度，是一个常值，梁沉降位移等于地基沉降量．b 为宽度，也为常数．

根据挠曲线近似微分方程（位移与弯矩之间的微分关系）

$$EI \frac{d^2 w}{dx^2} = M(x)$$

取长度为 x 的地基进行受力分析，如图 17-26 所示：

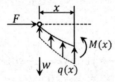

图 17-26　取长度为 x 的地基进行分析

则

$$M(x) = -F \cdot w(x) - \iint q(x) dx\, dx$$

代入得

$$EIw^{(4)} + Fw^{(2)} + kbw = 0$$

则有

$$EI \frac{d^2 w}{dx^2} = -Fw(x) - \iint q(x) dx\, dx,\ 求二阶导$$

$$EIw^{(4)} = -Fw^{(2)} - q(x)\ ,\ 代入\ q(x) = k \cdot b \cdot w(x)$$

$$EIw^{(4)} + Fw^{(2)} + kbw = 0$$

（2）失稳时的临界荷载

对挠曲线函数 $w(x)$ 求导可得

$$w = A\sin\left(\frac{\pi}{L}x\right)$$

$$w^{(2)} = -A\left(\frac{\pi}{L}\right)^2\sin\left(\frac{\pi}{L}x\right)$$

$$w^{(4)} = A\left(\frac{\pi}{L}\right)^4\sin\left(\frac{\pi}{L}x\right)$$

联立上可得

$$\left[A\sin\left(\frac{\pi}{L}x\right)\right]EI\left(\frac{\pi}{L}\right)^4 - \left[A\sin\left(\frac{\pi}{L}x\right)\right]F\left(\frac{\pi}{L}\right)^2 + \left[A\sin\left(\frac{\pi}{L}x\right)\right]kb = 0$$

约去公共项得 $F_{cr} = \dfrac{\pi^2 EI}{L^2} + \dfrac{kL^2 b}{\pi^2}$.

习题 17-11

解：

（1）设离原点距离为 x 处截面的弯矩为 $M(x)$，挠度为 $w(w > 0)$；则 $M(x) = F(\delta - w)$；
则挠曲线微分方程 $w'' = \dfrac{M(x)}{EI} = \dfrac{F(\delta - w)}{EI}$ ；

令 $k^2 = \dfrac{F}{EI}$，所以 $w'' + k^2 w = k^2 \delta$.

从而可以列通解 $w = A\cos kx + B\sin kx + \delta$，所以 $w' = -Ak\sin kx + Bk\cos kx$；由边界条件
知：$x = 0$ 时 $w(0) = w'(0) = 0$，$x = L$ 时 $w(L) = \delta$，

得到 $A + \delta = 0$，$Bk = 0$，$A\cos kL + B\sin kL = 0$.

这是关于 A、B、δ 的一个齐次线性方程组，又因为 A、B、δ 不能全为 0，故该方程组必有
非零解，所以其系数矩阵行列式为 0.

从而有 $\begin{vmatrix} 1 & 0 & 1 \\ 0 & k & 0 \\ \cos kL & \sin kL & 0 \end{vmatrix} = -k\cos kL = 0$，

所以 $\cos kL = 0$（其 $k \neq 0$，因为 $k^2 = \dfrac{F}{EI} \neq 0$），

所以 $kL = \dfrac{n\pi}{2}(n = 1,3,5,...)$，

所以 $F = k^2 EI = \left(\dfrac{n\pi}{2L}\right)^2 EI$，因为是一次屈曲，所以取 $n = 1$，使 F 为最小值，此时压杆的
临界压力为

$$F_{cr} = \frac{\pi^2 EI}{(2L)^2}$$

（2）下面根据直观方面和物理计算两方面进行解答（对压杆稳定方面的理解）

a. 从直观的角度考虑，一根理想无缺陷的杆单轴受压，起初是无挠曲的轴向变形．但是因
为外界微扰的作用，杆件发生挠曲变形，轴压产生的附加弯矩会增大微扰的挠度与弯矩，形成
正反馈．而受拉杆产生的附加弯矩会抵消微扰的挠度和弯矩，形成负反馈．粗略地说就是越压

越弯，越拉越直.

b. 从物理意义上考虑，是否失稳意味着梁理论的控制方程是否存在非平凡解.

如图 17-27 所示：

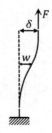

图 17-27　直杆拉伸图

其中 $M(x) = F(\delta - w)$，

$$EIw'' = -M(x) = -F(\delta - w)$$

$$EIw'' - Fw = -F\delta$$

$$w'' - k^2 w = -k^2 \delta$$

设 $w = C_1 e^{kx} + C_2 e^{-kx} + \delta$、$w' = C_1 k e^{kx} - C_2 k e^{-kx}$，

边界条件 $x = 0$，$w = 0$，$w' = 0$；$x = L$，$w = \delta$，

$$\begin{cases} C_1 + C_2 + \delta = 0 \\ C_1 k - C_2 k = 0 \\ C_1 e^{kL} + C_2 e^{-kL} = 0 \end{cases}$$

因为若是受拉弯曲失稳的话，则 C_1、C_2、δ 不能只有零解，所以

$$\begin{bmatrix} 1 & 1 & 1 \\ k & -k & 0 \\ e^{kL} & e^{-kL} & 0 \end{bmatrix} = \begin{bmatrix} 2 & 1 & 1 \\ 0 & -k & 0 \\ e^{kL} + e^{-kL} & e^{-kL} & 0 \end{bmatrix} = 0$$

解得 $e^{kL} + e^{-kL} = e^{-kL} = 0$ 或者 $k = 0$，才能满足条件.

但是又因为 $k^2 = \dfrac{F_{cr}}{EI} \neq 0$，$L \neq 0$，所以与题设矛盾，即不会出现拉杆失稳.

第 18 章　动荷载

正　文

18.1　常见的动荷系数

如图 18-1 所示：

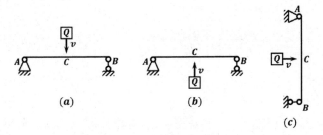

图 18-1　冲击荷载作用下的简支梁

（1）竖直冲击情况下动荷系数 $K_d = 1 + \sqrt{1 + \frac{2h}{\Delta_{st}}} = 1 + \sqrt{1 + \frac{v^2}{g\Delta_{st}}}$；（2）根据 $v_0^2 - v^2 = 2gH$，

得 $K_d = \sqrt{1 + \frac{v_0^2 - 2gH}{g\Delta_{st}}} - 1$；（3）水平冲击情况下动荷系数 $K_d = \sqrt{\frac{v^2}{g\Delta_{st}}}$.

此外：（1）竖直方向上的匀加速直线 $K_d = 1 + \frac{a}{g}$；（2）匀速转动 $a = w^2 R$，$F = m \cdot w^2 R$，$M_d = I_0 \alpha$，$I_0 = \frac{1}{2}mr^2 = \frac{PD^2}{8g}$.

其中 $a = \frac{\Delta w}{\Delta t}$，为角加速度；$M_d$ 为扭转力矩；I_0 为转动惯量. 另外需要注意重量为 mg，不等同于质量 m.

18.2　动荷载下的组合构件的变形

【例题 i】

如图 18-2 所示：

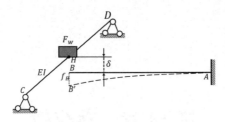

图 18-2　动荷载作用下的组合构件

B 在 CD 杆中部正下方（CD 是水平垂直于纸面的）.

其中 $\delta = \frac{F_w L^3}{48EI}$，$L_{AB} = L_{CD} = L$，CD 刚度均为 EI，AB 刚度均为 $16EI$.

若 F_w 突然作用在梁 CD 的跨中，求 AB 梁 B 端的动挠度，还有 AB、CD 的动荷载.

思路： 两个构件组合起来为非线性，所以不能直接使用动荷系数 k_d，应当从最初的能量守恒公式进行推导，并且需要去求相应点处的刚度 k，此处 $k = \frac{F}{\Delta}$.

解：

设作用在 B 端上的力为 X_1，则

$$\frac{X_1 \cdot L^3}{3 \cdot 16EI} = \frac{X_1 \cdot L^3}{48EI} = f_B$$

此处的 f_B 为 B 点的位移，

则 $k_{AB} = \frac{X_1}{f_B} = \frac{48EI}{L^3}$.

同理 $\frac{(F_d - X_1) \cdot L^3}{48EI} = f_H$，则 $k_{CD} = \frac{F_d - X_1}{f_H} = \frac{48EI}{L^3}$，不难看出 $k_{AB} = k_{CD} = k = \frac{48EI}{L^3}$；并且因为是瞬加荷载，所以 $F_w = \frac{1}{2}F_d$.

根据能量守恒

$$\frac{1}{2}F_d(\delta + f_B) = \frac{1}{2}k_{CD} \cdot f_H^2 + \frac{1}{2}k_{AB} \cdot f_B^2 = \frac{1}{2}k\left[(\delta + f_B)^2 + f_B^2\right]$$

$$F_w \cdot \frac{F_w \cdot L^3}{48EI} + F_w \cdot f_B = \frac{1}{2} \cdot \frac{48EI}{L^3}\left[\delta^2 + 2f_B^2 + 2\delta f_B\right]$$

$$\frac{F_w^2 \cdot L^3}{48EI} = \frac{48EI}{2L^3} \cdot \left(\frac{F_w \cdot L^3}{48EI}\right)^2 + \frac{48EI}{L^3} \cdot f_B^2$$

$$\frac{F_w^2}{k} = \frac{k}{2} \cdot \frac{F_w^2}{k^2} + kf_B^2$$

$$f_B = \sqrt{\frac{1}{2}k^2} = \frac{\sqrt{2}F_w \cdot L^3}{96EI}$$

AB、CD 梁所受到的动荷载：

对于 AB 梁 $X_1 = k \cdot f_B = \frac{\sqrt{2}}{2}F_w$，

对于 CD 梁

$$\frac{(F_d - X_1) \cdot L^3}{48EI} = f_H = \delta + f_B = \frac{F_w \cdot L^3}{48EI} + \frac{\sqrt{2}F_w \cdot L^3}{96EI}$$
$$F_d = (1 + \sqrt{2})F_w$$

（此处因为表达动荷载大小的公式是由于其是组合结构，所以不能直接用刚度 × 位移；且为非线性，所以不能直接用动荷系数 $k_d \times$ 静荷载 F_w；对于 $\frac{(F_d - X_1) \cdot L^3}{48EI} = f_H$ 这个式子，用叠加法理解就好）

【例题 ii】

如图 18-3 所示，中点 C 的正下方 $\Delta = \frac{PL^3}{48EI}$ 处有一个弹簧，刚度 $k = \frac{48EI}{L^3}$，并且 C 的正上方 $H = \frac{PL^3}{32EI}$ 处，有一重量为 P 的物体. 求物体自由下落时，弹簧 C 受到的最大冲击力.

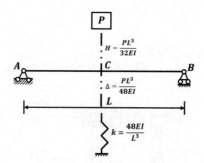

图 18-3　动荷载作用下的组合构件

思路： 与上题差不多，因为在物体与弹簧接触后，力与位移呈非线性变化，所以不能用动荷系数 k_d 算，而要借用功能原理来求. 因为其中能量的转化，就是依靠做功来实现的.

解：

因为对于梁中点来说（下方无弹簧时），其 $\Delta_{stAB} = \frac{PL^3}{48EI}$，即根据 $k_{AB} = \frac{P}{\Delta_{stAB}} = \frac{48EI}{L^3}$，

即 $k_{AB} = k = \frac{48EI}{L^3}$，所以根据功能互等可以得

$$P(H + \Delta + f) = \frac{1}{2}k_{AB} \cdot (\Delta + f)^2 + \frac{1}{2}k \cdot f^2 = \frac{1}{2}k \cdot (\Delta^2 + 2f^2 + 2\Delta \cdot f)$$
$$f = \frac{\sqrt{2}PL^3}{48EI}$$

即 $X_{max} = F_c = k \cdot f = \sqrt{2}P$.

另外

$$\frac{(P_d - F_c)L^3}{48EI} = \Delta + f = \frac{PL^3}{48EI} + \frac{\sqrt{2}PL^3}{48EI}$$
$$P_d - F_c = \sqrt{2}P + P$$
$$P_d = (2\sqrt{2} + 1)P$$

（动荷载问题尽量用系统整体能量守恒去推导）

习 题

习题 18-1:

如图 18-4 所示，已知不计重量的铅直杆长度为 L，其抗弯刚度为 EI，抗弯截面系数为 W，下端固定在以速度 v 匀速直线水平运动的小车上，上端有一重量为 G 的重物. 小车突然停止且始终保持水平.

求：

（1）杆上端点发生的最大形变位移；

（2）杆的最大应力.

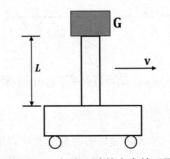

图 18-4　匀速运动的小车简示图

习题 18-2:

如图 18-5 所示，一直杆 AB 以等加速度 a 向上提升. 设杆长为 L，横截面积为 A，材料的比重是 γ. 请分析杆内的应力情况.

图 18-5　有一定加速度的直杆 AB

习题参考答案

习题 18–1

解：

（1）在水平冲击情况下动荷系数 $K_d = \sqrt{\dfrac{v^2}{g\Delta_{st}}}$，其中 $\Delta_{st} = \dfrac{GL^3}{3EI}$，则 $P_d = G \cdot K_d = G \cdot \sqrt{\dfrac{3EIv^2}{gGL^3}} = \sqrt{\dfrac{3GEIv^2}{gL^3}}$．

同时，由于当小车停止之后，动能全部转化为杆件的应变能，相当于施加力 P_d 作用，所以可列

$$\frac{1}{2} \cdot \frac{G}{g} \cdot v^2 = \int_0^L \frac{(P_d \cdot x)^2}{2EI} dx = \frac{P_d{}^2 L^3}{6EI}$$

其中，$\dfrac{P_d{}^2 L^3}{6EI}$ 可写为 $\dfrac{1}{2} \cdot P_d \delta$，即 $\dfrac{1}{2} \cdot P_d \delta = \dfrac{1}{2} \cdot \dfrac{G}{g} \cdot v^2$，

则

$$\delta = \sqrt{\frac{Gv^2 L^3}{3EIg}}$$

（2）（简单分析一下）该杆件为压弯变形，则杆内最大压应力的绝对值要大于最大拉应力．所以杆内的最大正应力为

$$\sigma_{max} = \frac{G}{A} + \frac{P_d L}{W} = \frac{G}{A} + \frac{1}{W}\sqrt{\frac{3GEIv^2}{gL}}$$

习题 18–2

解：

如图 18-6 所示：

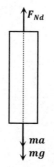

图 18–6　直杆 AB 受力分析

$$F_{Nd} = mg + ma = m(g + a) = \frac{Ax\gamma}{g}(g + a)$$

$$\sigma_d = x\gamma\left(1 + \frac{a}{g}\right)$$

x 方向为从下往上.

第 19 章　超静定问题

正　文

超静定问题，是各高校几乎每年都会考到的考点，但无非就是从三个角度建立方程式，去解未知量.

这三个角度为静力平衡、变形协调（有时候会和卡二还有压杆稳定结合）、物理关系（在材料力学中，主要为胡克定律和温度方程）.

因为是静力学的问题，所以只要能保证起始点和结束点的状态相同，中间的变化过程完全可以由自己来假设，这种思路在解超静定问题中尤为有效.

超静定解题思路：（1）解除约束，自由变形；（2）施加外力，静力平衡；（3）变形协调.（不论是不是超静定结构，都可以利用超静定解题思路去理解）

19.1　有温度变形的情况（ $\Delta L_T = a_t \Delta T L$ ）

思路：可以先解除约束，让物体自由变化，然后对其施加力，让外加力导致的变化与施加约束的变化等同.

如图 19-1 所示：

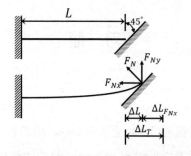

图 19-1　受温度变化影响的超静定结构

已知杆件长度 L，圆截面杆件半径 d，材料杨氏模量 E，线膨胀系数 a_t. 求当温度升高 ΔT 时，圆截面梁内 σ_{max} 的表达式.

$$\Delta L_0 = \alpha_t \Delta t L$$

$$\Delta L' = \frac{F_x L}{EA} \ 、 \ \Delta y = \frac{F_y L^3}{3EI}$$

（虽然 T 是在逐渐升高的，但是挠度方程和位移的关系式均是完成式，即都是取最终状态时的值）

此时

$$\Delta L = \Delta L_0 - \Delta L' = \alpha_t \cdot \Delta t \cdot L - \frac{F_x L}{EA}$$

$$w = \Delta y = \frac{F_y L^3}{3EI}$$

同时斜坡倾角可表达为 $a = \tan a = \frac{F_x}{F_y}$，又根据几何关系，$\tan a = \frac{w}{\Delta L}$，即

$$\tan \alpha = \frac{w}{\Delta L} = \frac{F_y L^3 / 3EI}{\alpha_t \cdot \Delta t \cdot L - \frac{F_x L}{EA}} = \frac{F_x}{F_y}$$

最终解得

$$F = \frac{3EI \cdot \alpha_t \Delta t \cdot A \sin \alpha}{AL^2 \cos^2 \alpha + 3I_z \sin^2 \alpha}$$

$$F_x = F \sin \alpha \ , \ F_y = F \cos \alpha$$

则 $\sigma_1 = \frac{F_x}{A}$，$\sigma_{2max} = \frac{F_y \cdot L}{W_z} = \frac{32\pi F_y \cdot L}{d^3}$，即

$$\sigma_{max} = \sigma_1 + \sigma_{2max} = \frac{F_x}{A} + \frac{32\pi F_y \cdot L}{d^3} = \dots$$

19.2　无温度变形的情况（主要就是建立静力平衡方程和变形协调方程，常常与压杆稳定、扭转变形、叠加梁一类结合起来，只要能把方程全都列出来就行，不难，偏向于计算），见下列习题

习　题

习题 19-1：

如图 19-2 所示，圆锥形变截面杆 AB 全长为 $20m$，两端直径分别为 $1m$ 和 $2m$. 圆锥形杆的两端固定，中部 C 截面上作用着扭矩 $T = 1MN*m$，材料的剪切弹性模量为 $G = 1GPa$，试求其端部约束扭矩及 C 截面处的扭转角.

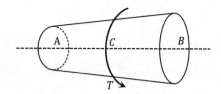

图 19-2　圆锥形变截面杆

习题 19-2：

如图 19-3 所示，三根杆组成一平面结构，三杆材料相同，EI、A 均相同，且均为大柔度杆，假设由于杆件失稳而引起破坏.

试求：

（1）分析结构破坏的过程；

（2）求荷载 P 的极限值 P_{max}.

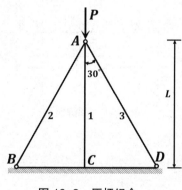

图 19-3　压杆组合

习题 19-3：

如图 19-4 所示，两端固定的实心圆杆，AC 段直径为段 $2d$，CB 直径为 d，C 截面处作用有外力矩 T_C. 试求，固定端 A、B 的支反力矩及 C 截面的扭转角.

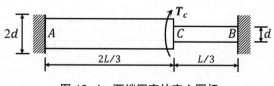

图 19-4　两端固定的实心圆杆

习题 19-4：

如图 19-5 所示，两根截面相同，长度相同的矩形截面弹性杆构成一方形截面，两杆材料弹性系数分别为 E_1、E_2，将组合杆两端固定在两端刚性板上，施加沿同作用线大小相等，方向相反的偏心拉力 P，请导出使两杆均匀受拉时的偏心 e.（题中 $E_1 > E_2$）

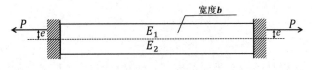

图 19-5　矩形截面弹性杆

习题 19-5：

结合如图 19-6 所示结构，求 A、B 两处的扭矩分别为多少？

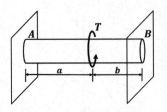

图 19-6　超静定结构

习题 19-6：

梁上、下表面温度变化不同的影响.

设如图 19-7 所示，梁在温度为 t_0 时安装在两固定墙体之间. 安装以后，由于上、下表面工作条件不同，其顶面的温度上升为 t_1，而底面的温度上升为 t_2，设 $t_2 > t_1$，且温度沿截面高度呈线性变化. 已知材料的弹性模量为 E、线胀系数为 a_t 及截面惯性矩为 I，不计梁的自重. 讨论该超静定梁两端的反作用力.

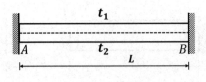

图 19-7　超静定梁

习题参考答案

习题 19–1

解:

由题变截面杆的直径为 $d(x) = \frac{20+x}{20}$.

C 相对 A 端转角 $\phi_{AC} = \int_0^{10} \frac{32T_A}{G\pi d^4(x)} dx = \int_0^{10} \frac{32 \cdot 20^4 \cdot T_A}{G\pi(20+x)^4} dx = 4.78 \times 10^{-8} T_A$.

C 相对 B 端转角 $\phi_{BC} = \int_{10}^{20} \frac{32T_B}{G\pi d^4(x)} dx = \int_{10}^{20} \frac{32 \cdot 20^4 \cdot T_B}{G\pi(20+x)^4} dx = 1.16 \times 10^{-8} T_B$.

由 $\phi_{AC} = \phi_{BC}$, 且 $T_A + T_B = T$, 得 $T_A = 0.19\text{MN} \cdot \text{m}$, $T_B = 0.81\text{MN} \cdot \text{m}$

$$\phi_C = \phi_{AC} = \phi_{BC} = 0.53°$$

思路: 属于变截面加扭转超静定问题. 照着扭转角公式推导的步骤代入即可. 先写出扭转角公式, 再代入静力平衡条件和变形协调条件.

习题 19–2

解:

（1）根据题目可知, 杆 1、2、3 都是大柔度杆, 因此由欧拉公式

$$F_{cr} = \frac{\pi^2 EI}{(\mu L)^2}$$

a. 则对杆 1

$$F_{cr1} = \frac{\pi^2 EI}{(0.7L)^2} = \frac{\pi^2 EI}{0.49L^2}$$

b. 则对杆 2、3

$$F_{cr2} = F_{cr3} = \frac{\pi^2 EI}{\left(L/\cos 30°\right)^2} = \frac{3\pi^2 EI}{4L^2}$$

因为是超静定结构, 所以根据各杆件的变形协调

$$\Delta_1 = \frac{\Delta_2}{\cos 30°} = \frac{\Delta_3}{\cos 30°}$$

$$\Delta_1 = \frac{F_{N1}L}{EA}, \quad \Delta_2 = \Delta_3 = \frac{F_{N2}L}{EA\cos 30°}$$

再根据静力平衡 $F_{N2} = F_{N3} = \frac{3P}{3\sqrt{3}+4}$, $F_{N1} = \frac{4P}{3\sqrt{3}+4}$.

假设杆 2、3 先达到失稳，则此时 $F_{N2} = F_{N3} = F_{cr2} = F_{cr3}$，

即 $F_{N2} = \frac{3P}{3\sqrt{3}+4} = F_{cr2} = \frac{3\pi^2 EI}{4L^2}$，此时 $P = \frac{(3\sqrt{3}+4)\pi^2 EI}{4L^2}$，

则 $F_{N1} = \frac{4P}{3\sqrt{3}+4} = \frac{\pi^2 EI}{L^2} \leq F_{cr1} = \frac{\pi^2 EI}{0.49L^2}$，即杆 1 此时未失稳，

所以可以推得，杆 2、3 先失稳，之后杆 1 接着失稳，此时结构才会出现失稳破坏．

（2）由（1）可知，是杆 2、3 先失稳，之后杆 1 接着失稳，

所以当三根杆件均达到失稳破坏时，P 为最大值 P_{max}，

即 $P_{max} = 2F_{cr2} cos 30° + F_{cr1} = 2 \times \frac{3\pi^2 EI}{4L^2} \times \frac{\sqrt{3}}{2} + \frac{\pi^2 EI}{0.49L^2} = 3.3\frac{\pi^2 EI}{L^2}$．

习题 19–3

解：

已知 C 处有力矩 T_C，则可设 A、B 处的力矩分别为 T_A、T_B，

由于 A、B 均为固定端，则 $\varphi_{CB} = \varphi_{CA} = \varphi$，根据 $\frac{d\varphi}{dx} = \frac{T}{GL_P}$，可知 $\varphi = \frac{TL}{GL_P}$

$$\varphi_{CA} = \frac{T_A L_A}{GI_{PA}} = \frac{T_A \frac{2L}{3}}{G\frac{\pi(2d)^4}{32}}$$

$$\varphi_{CB} = \frac{T_B L_B}{GI_{PB}} = \frac{T_B \frac{L}{3}}{G\frac{\pi d^4}{32}}$$

则根据静力平衡和变形几何协调条件 $\begin{cases} \varphi_{CB} = \varphi_{CA} \\ T_A + T_B = T_C \end{cases}$，可求得 $T_A = 8T_B$，

即 $\begin{cases} T_A = \frac{8}{9}T_C \\ T_B = \frac{1}{9}T_C \end{cases}$，$T_A$、$T_B$ 方向相同．此时

$$\varphi_{CB} = \varphi_{CA} = \frac{32T_C L}{27G\pi d^4}$$

思路： 超静定结构中的扭转变形．把各个力设出来，然后根据公式得出变形量，最后由几何变形协调算出全部的力即可．

习题 19–4

解：

如图 19-8 所示：

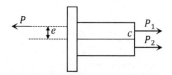

图 19-8　结构受力分析

令 $P = P_1 + P_2$,

设上面的杆所受拉力为 P_1，下面的杆所受拉力为 P_2，则根据平衡条件，得到

$$P = P_1 + P_2$$

在拉力 P_1 的作用下，上面的杆伸长量

$$\delta_1 = \frac{P_1 L}{E_1 A}$$

在拉力 P_2 的作用下，下面的杆伸长量

$$\delta_2 = \frac{P_2 L}{E_2 A}$$

要使两杆均匀受拉，它们的伸长量应该相等. 则位移协调条件为

$$\delta_1 = \delta_2$$

得

$$\frac{P_1 L}{E_1 A} = \frac{P_2 L}{E_2 A}$$

$$P_1 = \frac{E_1 P_2}{E_2}$$

联立方程可知

$$P_1 = \frac{E_1 P}{E_1 + E_2}, \qquad P_2 = \frac{E_2 P}{E_1 + E_2}$$

最后根据对截面形心 C 的力矩平衡方程，得出

$$P_1 \cdot \frac{b}{2} - P_2 \cdot \frac{b}{2} - Pe = 0$$

则载荷 P 的偏心距应为

$$e = \frac{(P_1 - P_2) \cdot \dfrac{b}{2}}{P} = \frac{b(E_1 - E_2)}{2(E_1 + E_2)}$$

习题 19-5

解：

由图 19-6 可知 A、B 为固定端，则该结构为超静定结构，

其中切应变为 $\gamma = \rho \dfrac{d\varphi}{dx}$，而 $\tau = G \cdot \gamma$，

在 AC、CB 两段，其上扭矩可分别设为 M_A、M_B，

根据 $\dfrac{d\varphi}{dx} = \dfrac{T}{GI_p}$ 可得

$$\begin{cases} \varphi_{CA} = \dfrac{M_A \cdot a}{GI_p} \\ \varphi_{CB} = \dfrac{M_B \cdot b}{GI_p} \end{cases}$$

根据静力平衡，$M_A + M_B = M$，

且两个部分的扭转刚度 GI_p 相同，

根据变形协调条件 $\varphi_{CA} = \varphi_{CB}$，

则计算可得 $M_A = \dfrac{b}{a+b}M$，$M_B = \dfrac{a}{a+b}M$.

习题 19-6

解：

因为变形、受力和结构均为正对称，所以该超静定梁受力分析为正对称，对称于其跨中截面，于是可得 $F_{Ax} = F_{Bx}$，$F_{Ay} = F_{By} = 0$，$M_A = M_B$，如图 19-9 所示：

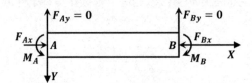

图 19-9　梁受力图

（1）解除轴向约束，不考虑轴力

此时为纯弯曲构件，可看为简支梁，如图 19-10 所示：

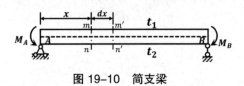

图 19-10　简支梁

根据超静定梁变形特征，得变形几何相容方程

$$\theta_A = \theta_{At} - \theta_{AM} = 0 \quad ①$$

其中，

力偶矩 M_A 和 M_B 引起端面 A 的转角 θ_{AM}；

由于温度变化后，使梁的端面 A 发生转角 θ_{At}.

a. 根据叠加法分析力偶矩 M_A 和 M_B 产生的 θ_{AM}.

$$\theta_{AM} = \frac{M_A L}{3EI} + \frac{M_B L}{6EI} = \frac{M_A L}{2EI} \quad ②$$

b. 上下梁温度变化引起端面 A 的转角 θ_{At}

当微段的底面由 $\mathrm{d}x$ 增至 $\mathrm{d}x + a_t(t_2 - t_0)\mathrm{d}x$，而顶面由 $\mathrm{d}x$ 增至 $\mathrm{d}x + a_t(t_1 - t_0)\mathrm{d}x$. 由于温度沿截面高度呈线性变化，如图 19-11 所示. 因此，微段 $\mathrm{d}x$ 左、右两横截面将发生相对转角 $\mathrm{d}\theta$，如图 19-12 所示，作辅助线 $m'n''$ 平行于 mn，可得相对转角为

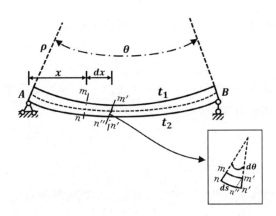

图 19-11　简支梁温度变形图

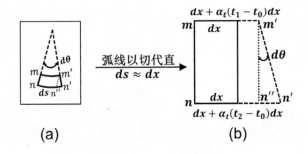

(a)　　　　　　　　　(b)

图 19-12　微段 dx 温度变形分析图

此时，上下梁温度变化引起端面 A 的转角 θ_{At} 有两种解法.

解法一积分，按照标量计算：

因为 A 的转角是相对于温度变形后相当于与梁中部的转角，所以根据上式可知，每个微段 $\mathrm{d}x$ 两边横截面的转角 $\mathrm{d}\theta$ 为

$$\mathrm{d}\theta = \frac{\alpha_t(t_2 - t_1)}{h}\mathrm{d}x$$

所以 A 的转角 θ_{At} 为

$$\theta_{At} = \int_0^{L/2} \mathrm{d}\theta = \int_0^{L/2} \frac{\alpha_t(t_2 - t_1)}{h}\mathrm{d}x = \frac{\alpha_t(t_2 - t_1)}{h}\frac{L}{2}$$

解法二微分，考虑曲率的正负：

材料力学中梁上一点的**转角**为切线与 x 轴之间的夹角，顺时针转角为正，逆时针转角为负. 并且因为 $t_2 > t_1$，所以梁变化形状为"下凹型"，即在分析温度变化导致的 A 端转角 θ_{At} 时，

转角 w' 的变化率 $w'' < 0$.

由于 $w'' < 0$，所以公式 $\mathrm{d}\theta = \frac{\alpha_t(t_2 - t_1)}{h}\mathrm{d}x$.

需要在右式添加负号，改写为

$$\frac{\mathrm{d}\theta}{\mathrm{d}x} = -\frac{\alpha_t(t_2 - t_1)}{h}$$

由 $\frac{\mathrm{d}\theta}{\mathrm{d}x} = \frac{\mathrm{d}^2 w}{\mathrm{d}x^2}$，即得梁由温度变化而引起的挠曲线近似微分方程为

$$\frac{\mathrm{d}^2 w}{\mathrm{d}x^2} = -\frac{\alpha_t(t_2 - t_1)}{h}$$

积分两次，并应用边界条件 $x = 0$，$w = 0$ 及 $x = L$，$w = 0$ 确定积分常数，即得由温度变化而引起弯曲变形的转角和挠度方程分别为

$$\theta = w' = \frac{\mathrm{d}w}{\mathrm{d}x} = -\frac{\alpha_t(t_2 - t_1)}{h}x + \frac{\alpha_t(t_2 - t_1)}{h}\frac{L}{2} \quad ③$$

$$w = -\frac{\alpha_t(t_2 - t_1)}{h}\frac{x^2}{2} + \frac{\alpha_t(t_2 - t_1)}{h}\frac{L}{2}x$$

由转角方程式②，即得基本静定系端面 A 由温度引起的转角为

$$\theta_{At} = \theta|_{x=0} = \frac{\alpha_t(t_2 - t_1)}{h}\frac{L}{2} \quad ④$$

以上就是求解 θ_{At} 的两种方法了.

c. 将②④代入①式中，得补充方程

$$\frac{\alpha_t(t_2 - t_1)}{h}\frac{L}{2} - \frac{M_A L}{2EI} = 0$$

即

$$M_A = M_B = \frac{\alpha_t EI(t_2 - t_1)}{h}$$

弯矩方向如上图 19-9 所示.

（2）考虑轴力

由上式可知，超静定梁内由于温度变化存在弯矩，则此时可以将整个梁看为压弯组合变形构件，如图 19-13 所示：

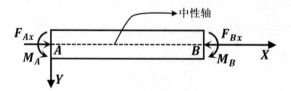

图 19-13　压弯变形梁

由于构件温度沿截面高度呈线性变化，且弯矩不影响中性层纵向伸长线应变. 此时中性层纵向伸长量需要满足的变形几何相容方程

$$\Delta L_{AB} = \Delta L_t - \Delta L_F = 0$$

（如果横截面为沿 z 轴对称图形，则温度变化按照 $t_m = \frac{1}{2}(t_1 + t_2)$，否则不能直接按照该式计算）

第 20 章　叠加梁

正　文

20.1　两种类型叠加梁

（1）未粘合梁：相互摩擦不计，各层绕各自的中性轴旋转；

（2）粘合梁：各层绕整体的中性轴旋转.

根据平面假设，叠合梁曲率始终为

$$\frac{1}{\rho} = \frac{M}{E_1 I_1 + E_2 I_2 + E_3 I_3 + \dots + E_n I_n}$$

20.1.1　其中，非粘合梁见下

$$\frac{1}{\rho} = \frac{M_1}{E_1 I_1} = \frac{M_2}{E_2 I_2}$$

因为 $w'' = \frac{-M(x)}{EI}$ ，即

$$\frac{E_1 I_1 + E_2 I_2}{\rho} = M_1 + M_2 = M$$

所以

$$\frac{1}{\rho} = \frac{M}{E_1 I_1 + E_2 I_2}$$

20.1.2　粘合梁见下

$$\int \sigma y \, dA = \frac{1}{\rho} \int E y^2 \, dA = \frac{1}{\rho} \left[E_1 \int y_1^2 \, dA + E_2 \int y_2^2 \, dA \right] = \frac{1}{\rho} \left(E_1 I_1' + E_2 I_2' \right)$$
$$= M$$

则

$$\frac{1}{\rho} = \frac{M}{E_1 I_1' + E_2 I_2'}$$

20.1.3　需要注意的见下

（1）对于未粘合梁：每层对**各自层**的中性轴取惯性矩；

（2）对于粘合梁：每层对**整体**的中性轴取惯性矩.

20.2 粘合梁求中性轴的方法

20.2.1 对于仅发生弯曲变化的情况，利用折算宽度法

折算宽度法

$$\int \sigma \, dA = \sum F_{外} = 0$$

$$\int \sigma_1 \, dA_1 + \int \sigma_2 \, dA_2 = \frac{E_1}{\rho} \int y_1 \, dA_1 + \frac{E_2}{\rho} \int y_2 \, dA_2 = \frac{E_1}{\rho} S_{z1} + \frac{E_2}{\rho} S_{z2} = 0$$

$$\Rightarrow E_1 A_1 (y_{c1} - y_c) + E_2 A_2 (y_{c2} - y_c) = 0$$

即其整体的中性轴位置为

$$y_c = \frac{E_1 A_1 y_{c1} + E_2 A_2 y_{c2}}{E_1 A_1 + E_2 A_2}$$

该式子两边高度坐标分别加上 Δy 依然成立 $y_c + \Delta y = \frac{E_1 A_1 (y_{c1} + \Delta y) + E_2 A_2 (y_{c2} + \Delta y)}{E_1 A_1 + E_2 A_2}$.

所以式中 y_{c1}、y_{c2}、y_c 均为相对于坐标系中任意一个定 z 轴的坐标. 因此建议取边界为 z 轴，这样方便计算一些.

20.2.2 当弯曲和轴向拉压同时存在时，即偏心拉压的情况

水平叠加梁三步走：

（1）$\varepsilon = \frac{y}{\rho}$, $\sigma = E\varepsilon$；

（2）$\int \sigma dA = \sum F_{外}$, $\int \sigma y dA = \sum M = M$；

（3）先考虑纯弯曲条件下的中性轴位置，再利用偏心拉压中求中性轴的知识点，具体过程如下：

$$\sigma' = E_i \frac{y}{\rho}$$

其中，E_i 为计算点位的杨氏模量，$\frac{1}{\rho}$ 为粘合梁在纯弯曲受力条件下的曲率，

$$\sigma'' = \frac{F}{A}$$

利用中性轴的定义

$$\sigma = E_i \frac{y_c}{\rho} + \frac{F}{A} = 0$$

则可求出偏心拉压条件下，中性轴 y_c 所在位置.

【例题 i】

自由叠合梁如图 20-1 所示，材料的弹性模量均为 E，已测得在力偶 M_e 作用下，上、下梁在交界面 AB 处的纵向变形后的长度之差为 δ，若不计梁间的摩擦力，试求力偶 M_e 的大小.

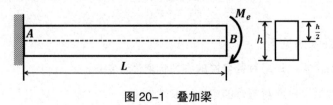

图 20-1 叠加梁

解：

设上下梁的弯矩分别为 M_1、M_2，因为是叠加梁，两个梁的曲率相同，则

$$\frac{1}{\rho_1}=\frac{1}{\rho_2},\ I_1=I_2,\ M_1=M_2=\frac{M_e}{2}$$

两梁上下边缘的应变为

$$\varepsilon=\pm\frac{\sigma_{max}}{E}=\pm\frac{M_e}{2EW_z}$$

则上梁下边缘 $\Delta L_1=-\varepsilon L=-\frac{M_e L}{2EW_1}$，

则下梁上边缘 $\Delta L_2=\varepsilon L=\frac{M_e L}{2EW_2}$，

则 $\delta=\Delta L_2-\Delta L_1=\frac{M_e L}{2EW_1}-\left(-\frac{M_e L}{2EW_2}\right)$，又 $W_1=W_2=W_z=\frac{I}{y_{max}}=\frac{bh^2}{24}$，

代入可得

$$M_e=\frac{Ebh^2\delta}{24L}$$

习　题

习题 20-1：

如图 20-2 所示，两根截面相同，长度相同的矩形截面弹性杆构成一方形截面，两杆材料弹性系数分别为 E_1、E_2，将组合杆两端固定在刚性板上，两端刚性板上施加沿同作用线大小相等，方向相反的偏心拉力 P，请导出使两杆均匀受拉时的偏心 e.（本题中 $E_1>E_2$）

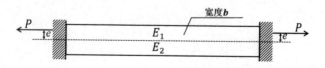

图 20-2　矩形截面弹性杆

习题 20-2：

由两条截面相同、材料不同的金属片粘成一体的双金属片如图 20-3 所示. 弹性模量和线膨胀系数分别为 E_1、E_2 和 a_{L1}、a_{L2}，且 $a_{L1}>a_{L2}$，求温度升高 ΔT 时，双金属片顶端 B 的挠度.

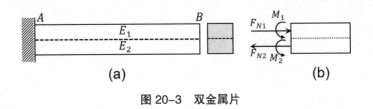

图 20-3　双金属片

习题 20-3：

如图 20-4 所示，宽度相等，厚度分别为 h_1、h_2（$h_1 < h_2$）的不同材质矩形截面梁叠放形成组合梁 AB，其弹性模量分别为 E_1、E_2，且 $E_1 < E_2$，在均布荷载 q 作用下，梁紧贴产生完全相同的变形．

（1）确定中性轴的位置，求出 y_0（z 为中性轴）；

（2）给出两种梁内绝对值最大正应力之比．

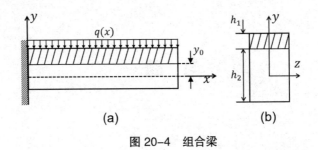

图 20-4　组合梁

习题 20-4：

如图 20-5 所示，该结构为粘合梁 OA，求 A 端曲率半径 R，其中 $E_1 = 2E_2 = E$，$b_1 = b_2/2 = b$，$h_1 = 3h_2 = h$.

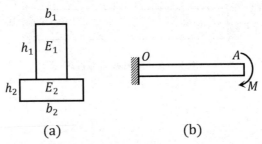

图 20-5　叠合梁

习题参考答案

习题 20–1

解：

如图 20-6 所示：

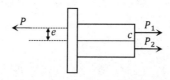

图 20–6 受力分析

令 $P = P_1 + P_2$，设上面的杆所受拉力为 P_1，下面的杆所受拉力为 P_2，则根据平衡条件，得到

$$P = P_1 + P_2$$

在拉力 P_1 的作用下，上面的杆伸长量

$$\delta_1 = \frac{P_1 L}{E_1 A}$$

在拉力 P_2 的作用下，下面的杆伸长量

$$\delta_2 = \frac{P_2 L}{E_2 A}$$

要使两杆均匀受拉，它们的伸长量应该相等．则以位移协调条件

$$\delta_1 = \delta_2$$

得

$$\frac{P_1 L}{E_1 A} = \frac{P_2 L}{E_2 A}$$

$$P_1 = \frac{E_1 P_2}{E_2}$$

联立方程可知

$$P_1 = \frac{E_1 P}{E_1 + E_2}, \qquad P_2 = \frac{E_2 P}{E_1 + E_2}$$

最后根据对截面形心 c 的力矩平衡方程，得出

$$P_1 \cdot \frac{b}{2} - P_2 \cdot \frac{b}{2} - Pe = 0$$

则载荷 P 的偏心距应为

$$e = \frac{(P_1 - P_2) \cdot \dfrac{b}{2}}{P} = \frac{b(E_1 - E_2)}{2(E_1 + E_2)}$$

习题 20-2

解：

如图 20-3-(b) 所示，静力平衡关系

$$\sum F_x = 0, \quad F_{N1} = F_{N2} = F_N$$
$$\sum M_0 = 0, \quad M_1 + M_2 - F_N h = 0$$

几何关系（胶合层 x）

$$\varepsilon_{1t} - \varepsilon_{1F_{N1}} - \varepsilon_{1M} = \varepsilon_{2t} + \varepsilon_{2F_{N2}} + \varepsilon_{2M}$$
$$\theta_{B1} = \theta_{B2}$$

（此处 ε_{1M} 和 ε_{2M} 正负号不同，是因为弯矩产生的变形上拉下压，M_1 产生的变形 ε_{1M} 在上部分梁的下部，所以为负；同理，ε_{2M} 为正）

将物理关系代入上式，需要补充方程

$$\alpha_{L1} \cdot \Delta T - \frac{F_{N1}}{E_1 A} - \frac{M_1}{E_1 I} \cdot \frac{h}{2} = \alpha_{L2} \cdot \Delta T + \frac{F_{N2}}{E_2 A} + \frac{M_2}{E_2 I} \cdot \frac{h}{2}$$

$$\frac{d\theta}{dx} = \frac{1}{\rho} = w'' = \frac{M}{EI} \Rightarrow d\theta = \frac{M}{EI} dx \Rightarrow \theta = \frac{ML}{EI}$$

$$\theta_{B1} = \theta_{B2} = \frac{M_1 L}{E_1 I} = \frac{M_2 L}{E_2 I}$$

联立求解，得

$$F_{N1} = F_{N2} = \frac{(\alpha_{L1} - \alpha_{L2}) \cdot \Delta T E_1 E_2 (E_1 + E_2) bh}{(E_1 + E_2)^2 + 12 E_1 E_2}$$

$$M_1 = \frac{(\alpha_{L1} - \alpha_{L2}) \cdot \Delta T E_1^2 E_2 bh^2}{(E_1 + E_2)^2 + 12 E_1 E_2}$$

$$M_2 = \frac{(\alpha_{L1} - \alpha_{L2}) \cdot \Delta T E_1 E_2 bh^2}{(E_1 + E_2)^2 + 12 E_1 E_2}$$

由悬臂梁（相当于自由端作用力偶）自由端挠度和转角关系式

$$\theta = \frac{Mx}{EI}、\quad w = \int \theta \, dx = \frac{Mx^2}{2EI}$$

$$w_B = \frac{M_1 L^2}{2 E_1 I} = \frac{6(\alpha_{L1} - \alpha_{L2}) \cdot \Delta T E_1 E_2 L^2}{h[(E_1 + E_2)^2 + 12 E_1 E_2]}$$

思路： 此题结合了叠加梁和温度变形，难度较高，计算比较复杂，但叠加梁的基本原理不改变，即梁弯曲的曲率相同．

习题 20-3

解：

（1）利用折算刚度法，该粘合梁中性轴的位置为

$$y_c = \frac{E_1 A_1 y_{c1} + E_2 A_2 y_{c2}}{E_1 A_1 + E_2 A_2}$$

$$y_0 = h_2 - y_c = \frac{E_2 h_2^2 - E_1 h_1^2}{2(E_1 h_1 + E_2 h_2)}$$

y_c 是以图形底边为轴进行求解.

（2）

$$\varepsilon = \frac{y}{\rho}, \quad \sigma = E\varepsilon = \frac{E_1 y}{\rho}$$

$$\sigma_{max}^1 = E\varepsilon^1 = \frac{E_1(h_1 + y_0)}{\rho}$$

$$\sigma_{max}^2 = E\varepsilon^2 = \frac{E_2(h_2 - y_0)}{\rho}$$

所以两种梁内绝对值最大正应力之比为

$$\sigma_{max}^1 : \sigma_{max}^2 = \frac{E_1(h_1 + y_0)}{E_2(h_2 - y_0)}$$

其中

$$y_0 = \frac{E_2 h_2^2 - E_1 h_1^2}{2(E_1 h_1 + E_2 h_2)}$$

习题 20-4

解：

两梁粘结弯曲时，曲率相同，即

$$\frac{1}{\rho} = \frac{M}{E_1 I_1' + E_2 I_2'}$$

其中，I_1'、I_2' 为对整体中性轴的惯性矩，

中性轴的高度为

$$\int_{-y_0}^{-y_0 + \frac{h}{3}} E_2 \frac{y}{\rho} * 2b \, dy + \int_{-y_0 + \frac{h}{3}}^{\frac{4h}{3} - y_0} E_1 \frac{y}{\rho} * b \, dy = 0$$

最后解得　$y_0 = \frac{2h}{3}$.

（或者可以用公式 $y_0 = \frac{E_1 A_1 y_1 + E_2 A_2 y_2}{E_1 A_1 + E_2 A_2} = \frac{2h}{3}$，来快速求解）

则 $E_1 I_1' + E_2 I_2' = \left[\frac{(2b)\left(\frac{h}{3}\right)^3}{12} + 2b * \frac{h}{3} * \left(\frac{h}{2}\right)^2 \right] \frac{E}{2} + \left[\frac{bh^3}{12} + b * h * \left(\frac{h}{6}\right)^2 \right] E = \frac{16}{81} E b h^3$，

则叠加梁的曲率半径为　$\rho = \frac{E_1 I_1' + E_2 I_2'}{M} = \frac{16 E b h^3}{81 M}$.

第 21 章　小变形假设对结果的影响

正　文

能量法解常规小变形.

【例题 i】

水平直杆 AB 和倾斜直杆 CB 组成一个平面三角形桁架,如图 21-1 所示,在中间绞 B 处作用一个集中力 P. A、C 为固定铰支座,假设两杆的线弹性模量分别为 E_1 和 E_2,截面面积分别为 A_1 和 A_2,变形前长度分别为 L_1 和 L_2,忽略杆轴线拉压变形而引起横截面面积变化.

试求:在变形后位形上建立杆件的平衡方程,求解变形后两杆相应的轴力.

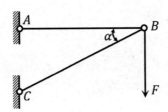

图 21-1　平面三角形桁架

解:

受力分析如图 21-2 所示:

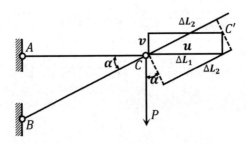

图 21-2　平面三角形桁架受力分析图

得 $\Delta L_1 = u, \quad \Delta L_2 = u\cos a - v\sin a.$

根据能量法的计算公式，得

$$V_\varepsilon = \int \frac{F^2}{2EA}dx = \int \frac{\Delta L_1^2 E_1 A_1}{2L_1'^2}dx + \int \frac{\Delta L_2^2 E_2 A_2}{2L_2'^2}dx$$

$$\frac{\partial V_\varepsilon}{\partial u} = \int \frac{\Delta L_1 E_1 A_1}{L_1'^2} \cdot 1 \, dx + \int \frac{\Delta L_2 E_2 A_2}{L_2'^2} \cdot \cos\alpha \, dx = \frac{\Delta L_1 E_1 A_1}{L_1'} + \frac{\Delta L_2 E_2 A_2}{L_2'} \cdot \cos\alpha = 0$$

$$\frac{\partial V_\varepsilon}{\partial v} = \int \frac{\Delta L_2 E_2 A_2}{L_2'^2} \cdot (-\sin\alpha) \, dx = \frac{\Delta L_2 E_2 A_2}{L_2'} \cdot (-\sin\alpha)$$

$$= P \text{（注意此处积分是对变形后长度）}$$

联立得（将 $\Delta L_2 E_2 A_2$ 换掉）

$$\frac{\Delta L_1 E_1 A_1}{L_1'(-\cos\alpha)} = \frac{P}{-\sin\alpha} \Rightarrow \frac{\Delta L_1}{L_1'}\tan\alpha = \frac{1}{L_1'} \cdot \frac{P_1 L_1}{E_1 A_1}\tan\alpha = \frac{P}{E_1 A_1}$$

$$P_1 L_1 \tan\alpha = P(L_1 + \Delta L_1) = P\left(L_1 + \frac{P_1 L_1}{E_1 A_1}\right)$$

$$\left(\tan\alpha - \frac{P}{E_1 A_1}\right)P_1 = P \Rightarrow P_1 = \frac{P}{\tan\alpha - \dfrac{P}{E_1 A_1}}$$

$$\frac{\Delta L_2 E_2 A_2}{L_2'} \cdot (-\sin\alpha) = P \Rightarrow \frac{P}{-\sin\alpha}(L_2 + \Delta L_2) = E_2 A_2 \cdot \frac{P_2 L_2}{E_2 A_2}$$

$$\text{即} \quad \frac{P}{-\sin\alpha}\left(L_2 + \frac{P_2 L_2}{E_2 A_2}\right) = P_2 L_2$$

$$\frac{P}{-\sin\alpha} = P_2\left(1 + \frac{F}{E_2 A_2 \sin\alpha}\right) \Rightarrow P_2 = \frac{-F}{\sin\alpha + \dfrac{F}{E_2 A_2}}$$

习　题

习题 21-1：

如图 21-3 所示，直杆 AB 和倾斜直杆 CB 组成一个平面三角形桁架，在中间铰 B 处作用一个集中力 F，A、C 为固定铰支座，假设两杆的线弹性模量分别为 E_1 和 E_2，截面面积分别为 A_1 和 A_2，变形前长度分别为 L_1 和 L_2，忽略杆轴线拉压变形而引起横截面面积变化.

求解：

（1）在变形后位形上建立杆件的平衡方程求解变形后两杆相应的轴力；

（2）说明常规小变形下的材料力学解答是偏大还是偏小.

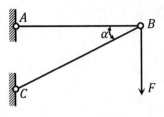

图 21-3　组合构件

习题 21-2:

如图 21-4 所示，AB 和 CB 两杆的长度分别为 L_1 和 L_2，截面的面积分别为 A_1 和 A_2，杨氏模量分别为 E_1 和 E_2，两个杆在 ABC 三处铰接，b_1 为 AB 水平方向上的投影，b_2 为 CB 水平方向上的投影，h 为它们的高. 在 B 处同时施加一个水平拉力 P 和一个垂直拉力 G，荷载作用下两杆发生线弹性小变形，B 点移动到 B' 点，相应的水平和垂直位移为 u 和 v_0.

（1）用卡氏定理推导 P、G、u、v 的关系式（不考虑小变形假设）；

（2）利用小变形条件将（1）中所求得关系式简化为线性.

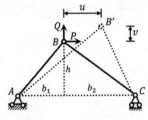

图 21-4　组合构件

习题参考答案

习题 21-1

解:

（1）如图 21-5 所示：

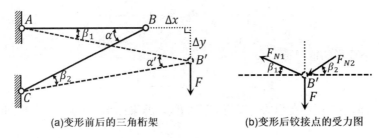

(a)变形前后的三角桁架　　　　(b)变形后铰接点的受力图

图 21-5　结构分析

在中间绞 B 的受力分析中，将力的平衡关系建立在变形后的结构上，这样放弃使用原始尺寸，所得到两杆的轴力平衡关系为

$$F_{N1}\sin\beta_1 - F_{N2}\sin(a' - \beta_1) = F$$

$$F_{N1}\cos\beta_1 + F_{N2}\cos(a' - \beta_1) = 0$$

由此给出

$$F_{N1} = \frac{F\cos(a' - \beta_1)}{\sin a'}, \qquad F_{N2} = \frac{F\cos\beta_1}{\sin a'} \quad ①$$

其中 a' 为变形后两杆的夹角，F_{N2} 取负值表示与图 2 所示方向相反为压力. 而材料力学的相应解答为

$$F_{N1}{}' = \frac{F}{\tan\alpha}, \qquad F_{N2}{}' = \frac{F}{\sin\alpha} \quad ②$$

轴力表达式①与材料力学的相应解答②不同的是，①中含有 a' 和 β_1 两个待定未知量. 若确定出轴力 F_{N1} 和 F_{N2}，则需要进一步考虑变形协调关系. 其中令 $L_{BC} = L_2 = L$，可知此桁架结构的变形协调关系为

$$L_1\sin\beta_1 + L_2\sin(a' - \beta_1) = L\sin a$$

$$L_1\cos\beta_1 - L_2\cos(a' - \beta_1) = 0$$

从而得出

$$L_1 = L\sin\alpha\frac{\cos(a' - \beta_1)}{\sin a'}, \quad L_2 = L\sin\alpha\frac{\cos\beta_1}{\sin a'} \quad ③$$

根据胡克定律，杆 AB 和杆 AC 的应力分别为 $\sigma_1 = E_1\varepsilon_1$ 和 $\sigma_2 = E_2\varepsilon_2$，其中应变 $\varepsilon_1 = \frac{L_1 - L}{L_1}$ 和 $\varepsilon_2 = \frac{L_2 - L}{L_2}$，再由轴力定义 $F_{N1} = \sigma_1 A_1$ 和 $F_{N2} = \sigma_2 A_2$，可以得到如下表达式

$$L_1 = L\cos\alpha\left(1 + \frac{F_{N1}}{E_1 A_1}\right), \quad L_2 = L\left(1 + \frac{F_{N2}}{E_2 A_2}\right) \quad ④$$

此式与材料力学的相应表达式是完全一致的. 首先，比较③和④有如下关系式

$$\frac{\cos(a' - \beta_1)}{\sin a'} = \frac{1 + \frac{F_{N1}}{E_1 A_1}}{\tan\alpha}, \quad \frac{\cos\beta_1}{\sin a'} = \frac{1 + \frac{F_{N2}}{E_2 A_2}}{\sin\alpha}$$

代入表达式①后，可以解出轴力

$$F_{N1} = \frac{F}{\tan \alpha - \dfrac{F}{E_1 A_1}}, \qquad F_{N2} = \frac{F}{\sin \alpha + \dfrac{F}{E_2 A_2}}$$

（2）在忽略小变形的情况下

$$F'_1 = \frac{F}{\tan \alpha}, \ F'_2 = \frac{-F}{\sin \alpha}$$

则可得，其结果在常规小变形的情况下 $F'_1 < F_{N1}$，结果偏小；$F'_2 < F_{N2}$，结果偏大．

习题 21–2

（本题主要探讨了在小变形假设下的计算误差，这一假设在解析过程中有效整合了三大核心方程：平衡方程、物理方程及变形协调方程，从而对计算简化的能力提出了较高的要求．第一小问是在承认弹性小变形的前提下进行的计算分析，而第二小问则基于忽略杆件的小变形即假定杆件保持原长来展开计算）

解：

由题意可知，AB 杆与 BC 杆在外力作用下产生了水平位移 u 和竖直位移 v，可以假设 AB 和 BC 杆均受拉，结构变形前后受力以及相应符号引入如图 21-6、图 21-7 所示：

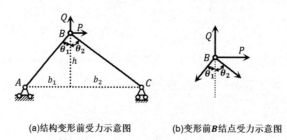

(a)结构变形前受力示意图　　(b)变形前 **B** 结点受力示意图

图 21–6　变形前受力示意图

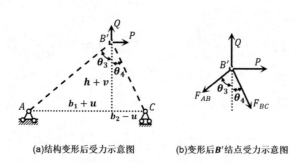

(a)结构变形后受力示意图　　(b)变形后 **B′** 结点受力示意图

图 21–7　变形后受力示意图

（1）如图 21-6 所示的受力示意图，分别采用静力平衡方程、物理方程及变形协调方程求解如图 21-7 所示中 B' 结点上的未知力 F_{AB} 和 F_{BC}：

a. 由静力平衡方程可知

$$F_{AB}\cos\theta_3 + F_{BC}\cos\theta_4 = G$$
$$F_{AB}\sin\theta_3 - F_{BC}\sin\theta_4 = P$$

可得

$$F_{AB} = \frac{\cos\theta_4}{\sin(\theta_3+\theta_4)}P + \frac{\sin\theta_4}{\sin(\theta_3+\theta_4)}G \quad ①$$

$$F_{BC} = \frac{-\cos\theta_3}{\sin(\theta_3+\theta_4)}P + \frac{\sin\theta_3}{\sin(\theta_3+\theta_4)}G \quad ②$$

b. 由物理方程可知

$$\Delta L_{AB} = \frac{F_{AB}L_{AB}}{E_1 A_1} = \frac{F_{AB}L_1}{E_1 A_1}$$

$$\Delta L_{BC} = \frac{F_{BC}L_{BC}}{E_2 A_2} = \frac{F_{BC}L_2}{E_2 A_2}$$

则杆件变形后长度为

$$L_{AB'} = L_{AB} + \Delta L_{AB} = \left(1 + \frac{F_{AB}}{E_1 A_1}\right)L_1 \quad ③$$

$$L_{B'C} = L_{BC} + \Delta L_{BC} = \left(1 + \frac{F_{BC}}{E_2 A_2}\right)L_2 \quad ④$$

c. 根据变形协调方程

$$L_{AB'}\cos\theta_3 = L_{B'C}\cos\theta_4$$
$$L_{AB'}\sin\theta_3 + L_{B'C}\sin\theta_4 = b_1 + b_2$$

可得

$$L_{AB'} = \frac{\cos\theta_4}{\sin(\theta_3+\theta_4)}(b_1+b_2) \quad ⑤$$

$$L_{CB'} = \frac{\cos\theta_3}{\sin(\theta_3+\theta_4)}(b_1+b_2) \quad ⑥$$

联立③⑤可得

$$\frac{\cos\theta_4}{\sin(\theta_3+\theta_4)} = \frac{\left(1+\frac{F_{AB}}{E_1 A_1}\right)L_1}{(b_1+b_2)} \quad ⑦$$

联立可得

$$\frac{\cos\theta_3}{\sin(\theta_3+\theta_4)} = \frac{\left(1+\frac{F_{BC}}{E_2 A_2}\right)L_2}{(b_1+b_2)} \quad ⑧$$

此时根据图 21-7-(b)，可得几何方程

$$\tan\theta_4 = \frac{b_2-u}{h+v}, \qquad \tan\theta_3 = \frac{b_1+u}{h+v}$$

则有

$$\frac{\sin\theta_4}{\sin(\theta_3+\theta_4)} = \frac{\cos\theta_4}{\sin(\theta_3+\theta_4)}\tan\theta_4 = \frac{L_1}{(b_1+b_2)}\cdot\frac{b_2-u}{h+v}\left(1+\frac{F_{AB}}{E_1 A_1}\right) \quad ⑨$$

$$\frac{\sin\theta_3}{\sin(\theta_3+\theta_4)} = \frac{\cos\theta_3}{\sin(\theta_3+\theta_4)}\tan\theta_3 = \frac{L_2}{(b_1+b_2)}\cdot\frac{b_1+u}{h+v}\left(1+\frac{F_{BC}}{E_2 A_2}\right) \quad ⑩$$

将⑦⑧⑨⑩分别代入①②表达式并化简求解可得

$$F_{AB} = \frac{P+\dfrac{b_2-u}{h+v}G}{\dfrac{b_1+b_2}{L_1}-\dfrac{1}{E_1 A_1}\left(P+\dfrac{b_2-u}{h+v}G\right)}, \qquad F_{BC} = \frac{-P+\dfrac{b_1+u}{h+v}G}{\dfrac{b_1+b_2}{L_2}-\dfrac{1}{E_2 A_2}\left(-P+\dfrac{b_1+u}{h+v}G\right)}$$

考虑到卡氏定理的运用，需要进行偏导运算，则

$$\frac{\partial F_{AB}}{\partial P} = \frac{b_1 + b_2}{\left[b_1 + b_2 - \dfrac{L_1}{E_1 A_1}\left(P + \dfrac{b_2 - u}{h + v}G\right)\right]^2}$$

$$\frac{\partial F_{BC}}{\partial P} = \frac{b_1 + b_2}{\left[b_1 + b_2 - \dfrac{L_2}{E_2 A_2}\left(-P + \dfrac{b_1 + u}{h + v}G\right)\right]^2}$$

结构体系的应变能为

$$U = \frac{F_{AB}^2 L_{AB'}}{2E_1 A_1} + \frac{F_{CB}^2 L_{CB'}}{2E_2 A_2}$$

将③④两式代入上式可得

$$U = \frac{L_1}{2E_1 A_1}\left(F_{AB}^2 + \frac{F_{AB}^3}{E_1 A_1}\right) + \frac{L_2}{2E_2 A_2}\left(F_{CB}^2 + \frac{F_{BC}^3}{E_2 A_2}\right)$$

根据卡氏第一定理可知 $\dfrac{\partial U}{\partial P} = u$，$\dfrac{\partial U}{\partial G} = v$，根据题意要求，需求出包含有 P、Q、u、v 的表达式，本质上两个方程运算得出的表达式是等效的，此处不妨化简第一个式子 $\dfrac{\partial U}{\partial P} = u$

$$\frac{\partial U}{\partial P} = \frac{L_1}{2E_1 A_1}\left(2F_{AB} + \frac{3F_{AB}^2}{E_1 A_1}\right)\frac{\partial F_{AB}}{\partial P} + \frac{L_2}{2E_2 A_2}\left(2F_{CB} + \frac{3F_{BC}^2}{E_2 A_2}\right)\frac{\partial F_{BC}}{\partial P} = u$$

分别把 F_{AB}、F_{CB}、$\dfrac{\partial F_{AB}}{\partial P}$、$\dfrac{\partial F_{BC}}{\partial P}$ 代入上式可得

$$\frac{u}{b_1 + b_2} = \frac{\left[\dfrac{b_1 + b_2}{L_1} - \dfrac{1}{2E_1 A_1}\left(P + \dfrac{b_2 - u}{h + v}G\right)\right]\left(P + \dfrac{b_2 - u}{h + v}G\right)}{E_1 A_1\left[\dfrac{b_1 + b_2}{L_1} - \dfrac{1}{E_1 A_1}\left(P + \dfrac{b_2 - u}{h + v}G\right)\right]^4}$$

$$+ \frac{\left[\dfrac{b_1 + b_2}{L_2} - \dfrac{1}{2E_2 A_2}\left(-P + \dfrac{b_1 + u}{h + v}G\right)\right]\left(-P + \dfrac{b_1 + u}{h + v}G\right)}{E_2 A_2\left[\dfrac{b_1 + b_2}{L_2} - \dfrac{1}{E_2 A_2}\left(-P + \dfrac{b_1 + u}{h + v}G\right)\right]^4}$$

（2）若采用小变形假设，认为杆件在外力作用下产生的变形是十分微小的，在后续计算过程中可以省略不计，按照原来的杆件长度计算，即需要对 F_{AB}、F_{CB}、$L_{AB'}$ 和 $L_{CB'}$ 进行简化处理，关于小变形假设对四项参数的影响如表 21-1 所示：

表 21-1　关于小变形假设对四项参数的影响

物理量	不采用小变形假设	采用小变形假设
AB 杆长	$L_{AB'} = \left(1 + \dfrac{F_{AB}}{E_1 A_1}\right)L_1$	$L_{AB'} = L_1$
BC 杆长	$L_{B'C} = \left(1 + \dfrac{F_{BC}}{E_2 A_2}\right)L_2$	$L_{B'C} = L_2$

物理量	不采用小变形假设	采用小变形假设
AB 杆内力	$F_{AB} = \dfrac{1}{\dfrac{b_1 + b_2}{L_1} - \dfrac{1}{E_1 A_1}\left(P + \dfrac{b_2 - u}{h + v}G\right)}\left(P \right.$ $\left. + \dfrac{b_2 - u}{h + v}G\right)$	$F_{AB} = \dfrac{L_1}{b_1 + b_2}\left(P + \dfrac{b_2 - u}{h + v}G\right)$
BC 杆内力	$F_{BC} = \dfrac{1}{\dfrac{b_1 + b_2}{L_2} - \dfrac{1}{E_2 A_2}\left(-P + \dfrac{b_1 + u}{h + v}G\right)}\left(-P \right.$ $\left. + \dfrac{b_1 + u}{h + v}G\right)$	$F_{BC} = \dfrac{L_2}{b_1 + b_2}\left(-P + \dfrac{b_1 + u}{h + v}G\right)$

结构体系的应变能为

$$U = \frac{F_{AB}^2 L_{AB'}}{2E_1 A_1} + \frac{F_{CB}^2 L_{CB'}}{2E_2 A_2}$$

将采用小变形假设后的各项物理参数代入上式

$$U = \frac{L_1}{2E_1 A_1} \times \frac{L_1^2}{(b_1 + b_2)^2} \times \left(P + \frac{b_2 - u}{h + v}G\right)^2 + \frac{L_2}{2E_2 A_2} \times \frac{L_2^2}{(b_1 + b_2)^2} \times \left(-P + \frac{b_1 + u}{h + v}G\right)^2$$

对 P 求偏导可得

$$\frac{\partial U}{\partial P} = \frac{L_1^3}{E_1 A_1 (b_1 + b_2)^2} \times \left(P + \frac{b_2 - u}{h + v}G\right) - \frac{L_2^3}{E_2 A_2 (b_1 + b_2)^2} \times \left(-P + \frac{b_1 + u}{h + v}G\right) = u$$

$$\frac{\partial U}{\partial P} = \frac{1}{(b_1 + b_2)^2}\left[\frac{L_1^3}{E_1 A_1} + \frac{L_2^3}{E_2 A_2}\right]P + \frac{1}{(h + v)(b_1 + b_2)^2}\left[\frac{L_1^3(b_2 - u)}{E_1 A_1} - \frac{L_2^3(b_1 + u)}{E_2 A_2}\right]G = u$$

$$(h + v)\left[\frac{L_1^3}{E_1 A_1} + \frac{L_2^3}{E_2 A_2}\right]P + \left[\frac{L_1^3(b_2 - u)}{E_1 A_1} - \frac{L_2^3(b_1 + u)}{E_2 A_2}\right]G = u(h + v)(b_1 + b_2)^2$$

$$\left[\frac{hL_1^3}{E_1 A_1} + \frac{hL_2^3}{E_2 A_2}\right]P + \left[\frac{L_1^3 b_2}{E_1 A_1} - \frac{L_2^3 b_1}{E_2 A_2}\right]G + \left[\frac{L_1^3}{E_1 A_1} + \frac{L_2^3}{E_2 A_2}\right]Pv - \left[\frac{L_1^3}{E_1 A_1} - \frac{L_2^3}{E_2 A_2}\right]Gu$$

$$= [h(b_1 + b_2)^2]u + [(b_1 + b_2)^2]uv$$

则该表达式化简为

$$\frac{L_1^3}{E_1 A_1}\left[P + \frac{b_2 - u}{h + v}G\right] + \frac{L_2^3}{E_2 A_2}\left[P - \frac{b_1 - u}{h + v}G\right] - (b_1 + b_2)^2 u = 0$$

第 22 章　组合变形

正　文

22.1　组合变形章节常与第三（四）应力强度理论相结合

22.1.1　第三强度理论（最大切应力理论）

破坏条件 $\tau_{max} = \tau_x$，强度条件 $\sigma_1 - \sigma_3 = \sigma_{r3} \leq [\sigma]$.

22.1.2　第四强度理论（形状改变能密度理论）

破坏条件 $v_d = v_{du}$，强度条件

$$\sqrt{\frac{1}{2}[(\sigma_1 - \sigma_2)^2 + (\sigma_2 - \sigma_3)^2 + (\sigma_3 - \sigma_1)^2]} = \sigma_{r4} \leq [\sigma]$$

22.1.3　对于单轴拉（压）加上扭转的受力情况，此时分析莫尔圆，可以推得如下公式

$$\sigma_{r3} = \sqrt{\sigma^2 + 4\tau^2}, \ \sigma_{r4} = \sqrt{\sigma^2 + 3\tau^2}$$

22.2　对中性轴的理解 [对于压（拉）弯变形来讲]

$$\sigma = \frac{F}{A}\left(1 + \frac{z_F z}{i_y^2} + \frac{y_F y}{i_z^2}\right)$$

中性轴方程为 $1 + \frac{z_F z}{i_y^2} + \frac{y_F y}{i_z^2} = 0$，其中 z_F、y_F 为偏心力 F 作用点处的坐标.

【例题 i】

如图 22-1 所示，半圆形小曲率曲杆的 A 端固定，在自由端 B 处作用扭转力偶 M_e，曲杆横截面为圆形，直径为 d，弹性模量为 E，泊松比为 μ，考虑扭转和弯曲的应变能，试用能量法求 B 端的扭转角 φ.

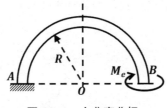

图 22-1　小曲率曲杆

解：

任取一截面分析，则其截面受力如图 22-2 所示：

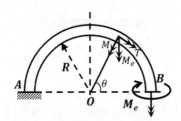

图 22-2　小曲率曲杆受力分析图

$$\begin{cases} M_\theta = M \cdot \sin\theta \\ T = M \cdot \cos\theta \end{cases}$$

又因为 $V_\varepsilon = \int \frac{F_N^2}{2EA} dx + \int \frac{M^2}{2EI} dx + \int \frac{T^2}{2GI_p} dx$

$$V_\varepsilon = \int_0^\pi \frac{M^2(\theta)}{2EI} R\,d\theta + \int_0^\pi \frac{T^2(\theta)}{2GI_p} R\,d\theta$$

$$\varphi_B = \frac{\partial V_\varepsilon}{\partial M_e} = \int_0^\pi \frac{M(\theta)}{EI} R \frac{\partial M(\theta)}{\partial M_e} d\theta + \int_0^\pi \frac{T(\theta)}{GI_p} R \frac{\partial T(\theta)}{\partial M_e} d\theta$$

$$= \int_0^\pi \frac{M_e \sin^2\theta}{EI} R\,d\theta + \int_0^\pi \frac{M_e \cos^2\theta}{GI_p} R\,d\theta = \frac{M_e R}{EI} * 2 * \frac{1}{2} * \frac{\pi}{2} + \frac{M_e R}{GI_p} * 2 * \frac{1}{2} * \frac{\pi}{2}$$

因为 $I_p = 2I_z$，$G = \frac{E}{2(1+\mu)}$，则

$$\varphi_B = \frac{M_e \pi R}{EI}[1 + (1+\mu)] = \frac{M_e \pi R(2+\mu)}{E \cdot \frac{\pi d^4}{32}}$$

习　题

习题 22-1：

如图 22-3 所示，横截面为任意形状的等截面直杆受到集中力 P 拉伸时，其整个横截面上

的正应力均匀分布. 试用静力学证明, 拉力 P 的作用线必通过横截面的形心.

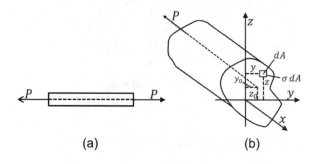

(a)　　　　　　　　　(b)

图 22-3　等截面直杆

习题 22-2:

如图 22-4 所示, 直径 $D = 0.2m$ 的圆形截面上有内力作用, 轴力 $N = 100kN$（拉）, 弯矩 $M_z = 10kN*m$, $M_y = 5kN*m$.

求解:

（1）计算 A、B、C、D 四点处的正应力;

（2）定出危险点的位置, 计算危险点处的正应力;

（3）确定中性轴位置, 绘出该截面上的正应力分布图.

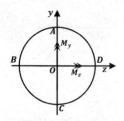

图 22-4　圆形横截面

习题 22-3:

如图 22-5 所示, 圆截面梁 ABC 的弹性模量为 E, 长度为 $2a$, 截面直径为 d, 梁 A 端固定在 xoz 平面内的刚性杆 BD 及在 yoz 平面内的刚性杆 CE 长度均为 a, 在 D 和 E 处分别作用着沿 Y 轴和 Z 轴反方向的力 F_1 和 F_2. 如果 F_1 和 F_2 的大小之和为定值 F_0, 试确定 F_1 的大小, 使得梁 ABC 在第四强度理论检验下最安全（梁内忽略轴向力和横向剪力）.

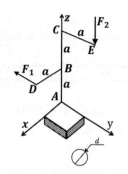

图 22-5　圆截面梁 ABC

习题 22-4：

正方形截面拉杆受轴向拉力 $F = 90kN$ 作用，已知 $a = 5cm$，如在杆的根部挖去四分之一，如图 22-6 所示，试求此时杆内最大拉应力值.

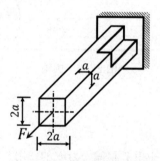

图 22-6　正方形截面拉杆

习题 22-5：

如图 22-7 所示，一直径为 d，长度为 L 的圆杆悬臂梁，BC 段受均匀载荷 q，C 端施加扭转力矩 M，该梁的许用应力为 $[\sigma]$.

求解：

（1）指出危险截面的位置；

（2）求出危险点的应力状态；

（3）试根据第三强度条件确定 $[q]$.

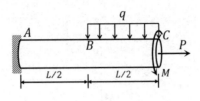

图 22-7 圆杆悬臂梁

习题 22-6：

如图 22-8 所示，直径 $d = 100mm$ 的圆轴，受轴向拉力 F 和力偶矩 M_e 的作用，材料的弹性模量为 $E = 200GPa$，泊松比为 $\mu = 0.3$，$[\sigma] = 160MPa$．现测得圆轴表面的轴向线应变 $\varepsilon_c = 500 \times 10^{-6}$，$-45°$ 方向的线应变 $\varepsilon_{-45°} = 400 \times 10^{-6}$．试求：轴向拉力 F 和力偶矩 M_e，并按第四强度理论校核该轴的强度．

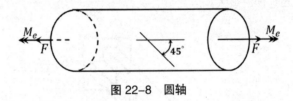

图 22-8 圆轴

习题 22-7：

如图 22-9 所示，薄壁圆筒受扭矩 T 和偏心力 F 的作用，F 与轴线的偏心距为 e，试用第三强度理论计算偏心力 F 的取值范围．圆筒外径为 D，壁厚为 t，许用应力为 $[\sigma]$．

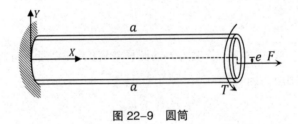

图 22-9 圆筒

习题 22-8：

如图 22-10 所示（图中长度单位为 mm），矩形截面短柱承受载荷 P_1、P_2 作用．

求：

（1）试求固定端截面上角点 A 及 D 处的正应力；

（2）试确定固定截面的中性轴，并画出其位置．

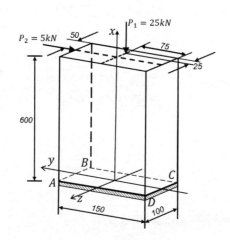

图 22-10　矩形截面短柱

习题 22-9：

如图 22-11 所示，两直梁 MD 和 DC 在 D 点铰接，M 端受集中力 F = 80KN，梁 BC 段有均匀力 q = 10KN/m，C 端作用有弯矩 M = 64KN*m. 梁的弹性模量是 E = 1000Mpa，泊松比为 μ = 0.25，试求出 BC 跨中下缘与梁轴成 45° 角的 BC 段的伸长量及转角.

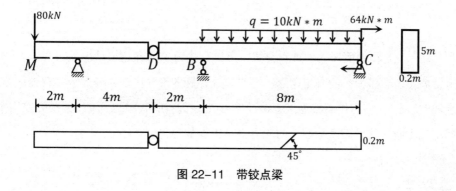

图 22-11　带铰点梁

习题 22-10：

简述梁的斜弯曲概念与其产生的概念.

习题参考答案

习题 22–1

证明：

任取坐标系 xyz，横截面上任意微面积 dA 的合力为

$$dN = \sigma dA$$

分析图 22-3-(b)，根据静力平衡条件可得

$$\sum X = 0, \qquad \int \sigma dA - P = 0 \qquad\qquad \therefore \sigma = \frac{P}{A}$$

$$\sum M_z = 0, \qquad \int (\sigma dA) y - P y_0 = 0$$

$$\frac{P}{A} \int y \, dA - P y_0 = 0 \qquad\qquad \therefore y_0 = \frac{\int y \, dA}{A}$$

$$\sum M_y = 0, \qquad \int (\sigma dA) z - P z_0 = 0$$

$$\frac{P}{A} \int z \, dA - P z_0 = 0 \qquad\qquad \therefore z_0 = \frac{\int z \, dA}{A}$$

所以 y_0、z_0 就是横截面形心的计算公式，所以，拉力 P 必通过横截面的形心．

[对轴向拉压（压缩）的判定，这一类常以选择题的形式出现，在此以计算题的方式呈现其计算步骤．实质上，外力作用线通过横截面的形心，就是轴向拉伸（压缩）的外力作用条件．否则，杆就不是轴向拉伸，而横截面上的应力也不可能是均匀分布的]

习题 22–2

解：

（1）由叠加原理得

$$\sigma_A = \frac{M_Z R}{I_Z} + \frac{F_N}{A}, \quad \sigma_B = \frac{M_y R}{I_y} + \frac{F_N}{A}$$

$$\sigma_c = \frac{F_N}{A} - \frac{M_Z \cdot R}{I_Z}, \quad \sigma_D = \frac{F_N}{A} - \frac{M_y \cdot R}{I_y}$$

其中 $I_Z = I_y = \frac{\pi D^4}{64}, \ W_Z = W_y = \frac{\pi D^3}{32}$，

所以

$$\sigma_A = \frac{M_Z}{W_Z} + \frac{F_N}{A} = \frac{32 M_Z}{\pi D^3} + \frac{4 F_N}{\pi D^2} = \frac{32 \times 10 \times 10^3}{\pi \times (0.2)^3} + \frac{4 \times 100 \times 10^3}{\pi \times (0.2)^2} = 15.92 MPa$$

$$\sigma_B = \frac{M_y}{W_y} + \frac{F_N}{A} = \frac{32 M_y}{\pi D^3} + \frac{4 F_N}{\pi D^2} = \frac{32 \times 5 \times 10^3}{\pi \times (0.2)^3} + \frac{4 \times 100 \times 10^3}{\pi \times (0.2)^2} = 9.55 MPa$$

$$\sigma_C = -\frac{M_Z}{W_z} + \frac{F_N}{A} = -\frac{32M_Z}{\pi D^3} + \frac{4F_N}{\pi D^2} = -\frac{32 \times 10 \times 10^3}{\pi \times (0.2)^3} + \frac{4 \times 100 \times 10^3}{\pi \times (0.2)^2} = -9.55MPa$$

$$\sigma_D = -\frac{M_y}{W_y} + \frac{F_N}{A} = \frac{32M_y}{\pi D^3} + \frac{4F_N}{\pi D^2} = -\frac{32 \times 5 \times 10^3}{\pi \times (0.2)^3} + \frac{4 \times 100 \times 10^3}{\pi \times (0.2)^2} = -3.18MPa$$

（2）因为该截面是圆截面，所以算合弯矩应该按照矢量和（另若是矩形截面求最大应力，两个方向弯矩分别算出的最大正应力，直接相加即可）.

所以，该圆截面上的合弯矩为

$$M_{max} = \sqrt{M_y^2 + M_z^2} = \sqrt{10^2 + 5^2}kN \cdot m = 5\sqrt{5}kN \cdot m$$

则 $\sigma_{max} = \frac{M_{max}}{W} + \frac{F_N}{A} = \frac{32M_{max}}{\pi D^3} + \frac{4F_N}{\pi D^2} = \frac{32 \times 5\sqrt{5} \times 10^3}{\pi \times (0.2)^3} + \frac{4 \times 100 \times 10^3}{\pi \times (0.2)^2} = 17.42MPa$

设合弯矩的方向与 z 轴的夹角为

$$\tan\theta = \frac{M_y}{M_z} = \frac{1}{2}, \quad \theta = \arctan\frac{1}{2} = 29.52°$$

危险点是合弯矩所代表的直线平移到圆截面边界并与之相切的点，如图 22-12 所示，最危险点在图中 E 点处

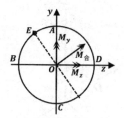

图 22-12 圆截面受力分析图

（3）根据中性轴的定义：在平面弯曲和斜弯曲情形下，横截面与应力平面的交线上各点的正应力值均为零，

则

$$\sigma = \frac{M_{max}H}{I} + \frac{F_N}{A} = \frac{64M_{max}H}{\pi D^4} + \frac{4F_N}{\pi D^2} = \frac{64 \times 5\sqrt{5} \times 10^3 \times H}{\pi \times (0.2)^4} + \frac{4 \times 100 \times 10^3}{\pi \times (0.2)^2} = 0$$

$H = 0.0224m$

即中性轴为合弯矩沿着其垂直方向下移 0.0224m，具体情况如图 22-13 所示：

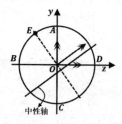

图 22-13 截面中性轴位置

思路：组合变形中求圆截面各点的正应力，需要注意圆截面求最大应力时的特点．

组合变形类的题目，首先需要计算出其全部内力（本题已直接给出，故不用考虑），接着看是横截面的形状，比如圆截面，算合弯矩时应该按照矢量和；若是矩形截面求最大应力，两个方向弯矩分别算出的最大正应力，按照标量和，直接数值相加即可．综上，可得危险点处的正应力和其所处的位置．

计算时需要始终考虑中性轴的定义，即各点的正应力值均为零的一条线．

习题 22-3

解：

由题可知，$F_1 + F_2 = F_0$，

则 $F_2 = F_0 - F_1$.

（1）先将 F_1、F_2 整合到 ABC 直杆上，则受力图如图 22-14 所示：

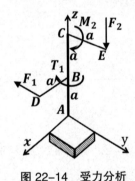

图 22-14　受力分析

其中 $\begin{cases} F_1' = F_1 \\ F_2' = F_2 \\ T_1 = F_1 \cdot a \\ M_2 = F_2 \cdot a. \end{cases}$

（2）分析结构在各内力下的受力图

（比较简单，此处忽略不画）

（3）根据受力图分析，其中最危险面为 B 截面，其截面上的受力为

$$\begin{cases} M_x = F_2 \cdot a \\ F_N = F_2 \\ T = F_1 \cdot a \end{cases}$$

而 B 截面上的 B 点又是最危险点，且忽略轴向力，则

$$\sigma = \frac{M_x}{W_z}, \qquad \tau = \frac{T}{W_p}$$

根据单元体受力情况，画出图示（比较简单，此处就不画了，在考试时尽量将推导公式多列一些，此处解题步骤较为简略），

则根据第四强度理论 $\sqrt{\frac{1}{2}[(\sigma_1-\sigma_2)^2+(\sigma_2-\sigma_3)^2+(\sigma_3-\sigma_1)^2]}=\sigma_{r4}=\sqrt{\sigma^2+3\tau^2}\le[\sigma]$.

令 $\left(\frac{M_x}{W_z}\right)^2+3\left(\frac{T}{W_p}\right)^2=f(F_1)$，

则 $\left(\frac{F_2\cdot a}{\pi d^3/32}\right)^2+3\left(\frac{F_1\cdot a}{\pi d^3/16}\right)^2=f(F_1)$，将 $F_1+F_2=F_0$ 代入，

得 $\left(\frac{(F_0-F_1)\cdot a}{\pi d^3/32}\right)^2+3\left(\frac{F_1\cdot a}{\pi d^3/16}\right)^2=f(F_1)$，此时令 $\frac{\partial f(F_1)}{\partial F_1}=0$，

则 $8(F_0-F_1)\cdot a\cdot(-a)+6F_1\cdot a\cdot a=0$，

则 $F_1=\frac{4}{7}F_0$，

此时可以使得梁 ABC 在第四强度理论检验下最安全.

思路：组合变形和强度理论（第三和第四强度理论常考），这两个内容经常结合起来考查.
需要先将各个力给设出来，然后尽量移到一个轴上，变单个力为弯矩（扭矩）加上该值大小的
力，然后画出内力图，分析危险面，再分析危险点，最后根据第三（四）强度理论去进行校核.

习题 22-4

解：

先确定形心所在位置

$$\bar{y}=\frac{\frac{3}{2}a\cdot a^2+\frac{1}{2}a\cdot 2a^2}{3a^2}=\frac{5}{6}a$$

同理 $\bar{z}=\frac{5}{6}a$，

即形心位置如图 22-15 所示：

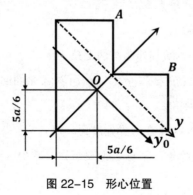

图 22-15　形心位置

根据简单的受力分析可知，最大应力在尖角 A、B 两点处，由轴力产生的应力为 $\sigma_1=\frac{F}{3a^2}$.
形心位置距下边缘距离为 $\frac{5a}{6}$，形心主惯性矩 x_0、y_0. 将力移到形心 O 处，则附加弯矩为

$M_{y_0}=F\left(\sqrt{2}a-\frac{5\sqrt{2}a}{6}\right)=\frac{\sqrt{2}}{6}Fa$.

截面对 y_0 轴的惯性矩为

$$I_{y_0} = I_y - 3a^2\left(\frac{\sqrt{2}}{6}a\right)^2 = \frac{(2a)^4}{12} - \left[\frac{a^4}{12} + a^2\left(\frac{\sqrt{2}a}{2}\right)^2\right] - 3a^2\frac{a^2}{18} = \frac{7a^4}{12}$$

由 M_{y_0} 产生的最大拉应力为

$$\sigma_2 = \frac{M_{y_0}\cdot\frac{2\sqrt{2}a}{3}}{I_{y_0}} = \frac{\frac{\sqrt{2}}{6}Fa\cdot\frac{2\sqrt{2}a}{3}}{I_{y_0}} = \frac{2Fa^2/9}{7a^4/12} = \frac{8F}{21a^2}$$

此时杆内最大拉应力为

$$\sigma_{max} = \sigma_1 + \sigma_2 = \frac{F}{3a^2} + \frac{8F}{21a^2} = 25.7MPa$$

习题 22-5

解:

（1）对其进行简单的受力分析，画出内力分析图.

（轴力图和扭矩图都非常简单，在此省略）

如图 22-16 所示：

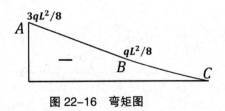

图 22-16 弯矩图

则不难看出 A 截面处的弯矩最大 $M_{max} = \frac{3qL^2}{8}$.

综上，可得出 A 截面为危险面.

（2）因为 A 截面处，弯矩为负，即圆截面上拉下压，

根据 $\sigma_1 = \frac{M_{max}y}{I_z}$，同时又因为拉力 P，$\sigma_2 = \frac{F}{A}$，所以 A 截面的上顶点处受到的正应力最大，

为 $\sigma_{max} = \sigma_{1max} + \sigma_2$. 其中 $\sigma_{1max} = \frac{M_{max}}{W_z}$，

又因为扭矩产生的切应力 $\tau = \frac{M_p}{I_p}$ 在边界处最大，则 $\tau_{max} = \frac{M}{W_p}$，

所以 A 截面的上顶点为危险点，根据应力圆易知，其中有两个主应力不为零，所以危险点的应力状态为平面应力状态.

（3）由（2）可知，危险点处的应力状态为单轴应力状态和纯剪切应力状态的结合. 所以

$$\sigma_1 - \sigma_3 = \sigma_{r3} = \sqrt{\sigma_{max}^2 + 4\tau_{max}^2} = \sqrt{\left(\frac{M_{max}}{W_z} + \frac{F}{A}\right)^2 + 4\left(\frac{M}{W_p}\right)^2}$$

$$= \sqrt{\left(\frac{12qL^2}{\pi d^3} + \frac{4F}{\pi d^2}\right)^2 + \left(\frac{32M}{\pi d^3}\right)^2} \leqslant [\sigma]$$

$$[q] = \frac{\pi d^3 \sqrt{[\sigma]^2 - \left(\frac{32M}{\pi d^3}\right)^2} - 4Fd}{12L^2}$$

习题 22–6

解：

（1）内力—应力计算分析

圆轴主要受力如下

$$\text{轴向拉力 } F; \quad \text{正应力 } \sigma = \frac{F}{A}.$$
$$\text{扭矩 } M_e; \quad \text{切应力 } \tau = \frac{M_e}{W_p}.$$

（2）应力—应变计算分析

单元体应力状态如图 22-17 所示：

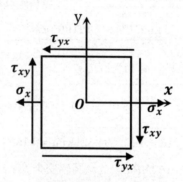

图 22–17　单元体应力状态

其中

$$\sigma_x = \sigma, \ \sigma_y = 0, \ \sigma_z = 0, \ \tau_{xy} = \tau$$

由广义胡克定律可知

$$\sigma_x = \sigma, \ \sigma_y = 0, \ \sigma_z = 0, \ \tau_{xy} = \tau$$

由广义胡克定律可知

$$\varepsilon_x = \frac{1}{E}\left[\sigma_x - \mu(\sigma_y + \sigma_z)\right]$$
$$\varepsilon_y = \frac{1}{E}\left[\sigma_y - \mu(\sigma_x + \sigma_z)\right]$$
$$\gamma_{xy} = \frac{\tau_{xy}}{G} = \frac{2(1+\mu)\tau_{xy}}{E}$$

代入计算整理可得

$$\varepsilon_x = \frac{\sigma_x}{E} = \varepsilon_0 = 500 \times 10^{-6}$$

$$\varepsilon_y = -\mu \frac{\sigma_x}{E} = -\mu\varepsilon_0 = -150 \times 10^{-6}$$

$$\gamma_{xy} = \frac{2(1+\mu)\tau_{xy}}{E} = 2.6\frac{\tau_{xy}}{E}$$

由平面应力状态的应变分析公式可知，在圆轴外表面－45°方向上的应变表达式为

$$\varepsilon_{-45°} = \frac{\varepsilon_x + \varepsilon_y}{2} + \frac{\varepsilon_x - \varepsilon_y}{2}cos(-90°) - \frac{\gamma_{xy}}{2}sin(-90°)$$

$$\varepsilon_{-45°} = \frac{\varepsilon_x + \varepsilon_y}{2} + \frac{\gamma_{xy}}{2} = 400 \times 10^{-6}$$

将 $\varepsilon_x = 500 \times 10^{-6}$，$\varepsilon_y = -150 \times 10^{-6}$ 代入上式可得

$$\gamma_{xy} = 450 \times 10^{-6}$$

因此可得

$$\sigma_x = E\varepsilon_0 = 200GPa \times 500 \times 10^{-6} = 100MPa$$

$$\tau_{xy} = \frac{E\gamma_{xy}}{2.6} = \frac{200GPa \times 450 \times 10^{-6}}{2.6} = 34.62MPa$$

合并上式可得

$$F = \sigma_x A = \frac{100MPa \times \pi \times 100^2 \ mm^2}{4} = 785.4kN$$

$$M_e = \tau_{xy}W_p = \frac{34.62MPa \times \pi \times 100^3 \ mm^3}{16} = 6.8kN \cdot m$$

若按照第四强度理论进行校核，有相当应力

$$\sqrt{\frac{1}{2}[(\sigma_1 - \sigma_2)^2 + (\sigma_2 - \sigma_3)^2 + (\sigma_3 - \sigma_1)^2]} = \sigma_{r4} = \sqrt{\sigma^2 + 3\tau^2}$$

$$= \sqrt{100^2 + 3 \times 34.62^2}MPa = 116MPa$$

由于 $\sigma_{r4} = 116MPa \le [\sigma] = 160MPa$，故该圆轴安全.

习题 22-7

解：

将 F 移到圆心处，则产生的附加弯矩大小为

$$M_x = Fe$$

则正应力的大小为 $\sigma_{max} = \sigma' + \sigma'' = \frac{M_x}{W_x} + \frac{F}{A}$，

其中 $A = \pi Dt$，$W_x = \frac{\pi D^2 t}{4}$，$W_p = \frac{\pi D^2 t}{2}$，则

$$\sigma_{max} = \frac{4Fe}{\pi D^2 t} + \frac{F}{\pi Dt}$$

而 $\tau_{max} = \frac{T}{W_p} = \frac{2T}{\pi D^2 t}$，

则根据第三强度理论

$$\sigma_{r3} = \sigma_1 - \sigma_3 = \sqrt{\sigma^2 + 4\tau^2} = \sqrt{\left(\frac{4Fe}{\pi D^2 t} + \frac{F}{\pi D t}\right)^2 + 4\left(\frac{2T}{\pi D^2 t}\right)^2} \leq [\sigma]$$

则 F 的取值范围为

$$F \leq \frac{\pi D t}{4e + D}\sqrt{[\sigma]^2 - 4\left(\frac{2T}{\pi D^2 t}\right)^2}$$

思路：组合变形里面的拉弯扭，和强度理论结合，常考.

习题 22-8

解：

（1）

a. P_1 产生的正应力，根据 $\sigma = \frac{P_1}{A}\left(1 + \frac{y_F \cdot y}{i_z^2} + \frac{z_F \cdot z}{i_y^2}\right)$，

其中 $\begin{cases} i_z^2 = h^2/12 \\ i_y^2 = b^2/12 \end{cases}$，

则

$$\begin{cases} \sigma_A' = \frac{25 \times 10^3}{100 \times 150 \times 10^{-6}}\left(1 + 0 + \frac{-25 \times 50}{100^2/12}\right) = \frac{25 \times 10^6}{15} \times \left(-\frac{1}{2}\right) = -0.83 MPa(拉) \\ \sigma_D' = \sigma_A' = -0.83 MPa(拉) \end{cases}$$

b. P_2 产生的正应力，根据 $M_2 = P_2 \cdot L$，

$$\sigma_A'' = \frac{M_2 \cdot y}{I_z} = \frac{M_2}{W_z} = \frac{5 \times 10^3 \times 600 \times 10^{-3}}{100 \times 150^2 \times 10^{-9}/6} = 8 MPa(拉)$$

$$\sigma_D'' = \sigma_A'' = 8 MPa(压)$$

综上角点 A、D 两处的正应力为 $\begin{cases} \sigma_A = -8.83 MPa(拉) \\ \sigma_D = 7.17 MPa(压) \end{cases}$.

（2）已知 P_1 产生的正应力

$$\sigma_1 = \frac{P_1}{A}\left(1 + \frac{z_F \cdot z}{i_y^2}\right)$$

P_2 产生的正应力

$$\sigma_2 = \frac{M_2 \cdot y}{I_z} = \frac{P_2 \cdot L \cdot y}{I_z}$$

根据中性轴的定义，令 $\sigma_1 + \sigma_2 = 0$，

则

$$-\frac{P_1}{A}\left(1 + \frac{z_F \cdot z}{i_y^2}\right) + \frac{P_2 \cdot L \cdot y}{I_z}$$

$$= \frac{-25 \times 10^3}{150 \times 100 \times 10^{-6}} \left(1 + \frac{-25 \times z \times 10^3}{100^2/12} \right)$$
$$+ \frac{5 \times 10^3 \times 600 \times 10^{-3} \times y}{150^3 \times 100 \times 10^{-12}/12} = 0$$

整理可得中性轴的坐标为 $30z + 64y - 1 = 0$.

如图 22-18 所示：

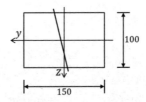

图 22-18 矩形横截面中性轴所在位置示意图

习题 22-9

解：

BC 中点，$M_y = 88kN{\cdot}m$，$Q = -18kN$，

$$\varepsilon_x = \frac{\sigma}{E} = \frac{M_y}{W_y E} = \frac{88 \times 10^3}{\dfrac{0.2 \times 0.5^2}{6} \times 1000 \times 10^6} = 10.56 \times 10^{-3}$$

$$\varepsilon_y = -\mu \varepsilon_x = -2.64 \times 10^{-3}$$

相比较于弯矩产生的正应力，剪力产生的切应力可以忽略不计

$$\gamma_{xy} = \frac{\tau}{G} = 0$$

综上可得

$$\varepsilon_{45^\circ} = \frac{\varepsilon_x + \varepsilon_y}{2} + \frac{\varepsilon_x - \varepsilon_y}{2} \cos 90^\circ - \frac{\gamma_{xy}}{2} \sin 90^\circ = 3.96 \times 10^{-3}$$

则 BC 线段的伸长量为

$$\Delta bc = L_{bc} \cdot \varepsilon_{45^\circ} = 0.2\sqrt{2} \times 10^3 \times 3.96 \times 10^{-3} = 1.12mm$$

其转角为

$$\frac{\gamma_{45^\circ}}{2} = \frac{\varepsilon_x - \varepsilon_y}{2} \sin 90^\circ + \frac{\gamma_{xy}}{2} \cos 90^\circ = 6.6 \times 10^{-3} rad$$

所以 $\gamma_{45^\circ} = 13.2 \times 10^{-3} \times \dfrac{180^\circ}{\pi} = 0.76^\circ$.

习题 22-10

解：

斜弯曲：对于截面具有对称轴的梁，当外力作用线通过截面形心但不与截面对称轴（形心主惯性轴）重合时，如图 22-19-(a) 所示，梁的挠度方向一般不再与外力所在的纵向面重合（成一定角度），这种弯曲变形称为斜弯曲.

　　具体分析：以矩形截面的悬臂梁为例，其横截面的受力分析如图 22-19-(b) 所示.

　　则自由端 y 向和 z 向的挠度分别为 $w_y = \dfrac{F_y L^3}{3EI_z}$，$w_z = \dfrac{F_z L^3}{3EI_y}$. 合挠度 $w_{合} = \sqrt{w_y^2 + w_z^2}$，合挠度方向与 y 轴成 β 角，力 F 与向与 y 轴成 φ 角，则 $\tan\beta = \dfrac{w_z}{w_y} = \dfrac{I_z}{I_y}\tan\varphi$，若 $I_y \neq I_z$ 则 $\beta \neq \varphi$，也就是说斜弯曲时的载荷作用面与挠曲面不重合.

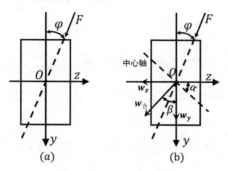

图 22-19　矩形横截面

第 23 章　塑性力学

正　文

该章节对于各个院校材料力学专业课来讲都不会考得特别深入，因为塑性力学本身偏难，更倾向于研究生课程. 所以本章节简单介绍一些基本概念，以及对一个由弹塑性材料组成的超静定结构进行较为全面的分析，共介绍三种解法，以期大家能找到适合自己的方法，举一反三.

23.1　屈服强度（塑性强度）对于塑性材料而言

（1）有屈服阶段：可直接得屈服极限（即下屈服点），即低碳钢的 σ_s；

（2）无屈服阶段：采用名义屈服极限，即对应于塑性应变 $\varepsilon_p = 0.2\%$ 时的应力规定为非比例延伸强度，用 $\sigma_{0.2p}$ 表示，等同于低碳钢的 σ_s.

23.2　几种在题目中较为常见的塑性材料

如图 23-1 所示：

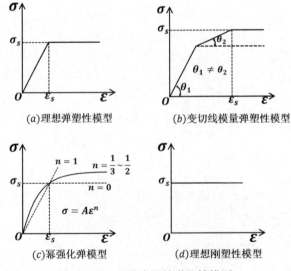

(a)理想弹塑性模型　　　　(b)变切线模量弹塑性模型

(c)幂强化弹模型　　　　(d)理想刚塑性模型

图 23-1　四种常见的弹塑性模型

23.3　残余应力

如图 23-2 所示，**在无外力或外力矩**的作用下，存在于材料内部，且达到自平衡状态的力，需要满足下列式子

$$\int_{-\frac{t}{2}}^{\frac{t}{2}} \sigma_x \, dy = 0, \qquad \int_{-\frac{t}{2}}^{\frac{t}{2}} \sigma_x y \, dy = 0$$

残余应变：指在材料受力变形后，除去弹性恢复的部分所剩余的变形量，即受力前与受力卸荷后的应变形差.

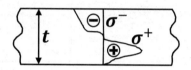

图 23-2　构件内残余应力分布示意图

23.4　塑性功 [1]

在塑性变形过程中所做的塑性功也是不可逆的，只有在加载时才能够改变塑性变形. 设材料从某个应力状态 σ^0 开始加载，在到达加载应力后，再增加一个 $d\sigma$，它将引起一个新的塑性应变增量 $d\varepsilon^p$. 在这样一个变形过程中，应力做了功，如果现在将应力重新降回到 σ^0，弹性应变将得到恢复，弹性应变能得到释放，然而塑性应变能部分则是不可逆的，在这样一个应力循环过程中，所做的功恒大于零，也即消耗了功. 这个功是消耗于塑性变形的，叫作塑性功，参看图 23-3，可表示如下

$$(\sigma - \sigma^0)d\varepsilon^p > 0 \quad ①$$

$$d\sigma d\varepsilon^p \geq 0 \quad ②$$

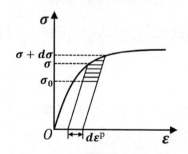

图 23-3　塑性材料加载应力图

---

[1]　王仁：《塑性力学基础》，科学出版社 1982 年版，第 7 页.

式中 σ^0 是循环开始和终了时的应力，σ 是屈服应力或加载应力．若 σ^0 是处于弹性状态，塑性功大于零可由①式表示；若 σ^0 就是处于塑性状态，则在增加 $d\sigma$ 和下降 $d\sigma$ 的应力循环中塑性功为正的事实可由式②表示．其中等号是对理想塑性（不强化）的材料时成立的．以上关系对于压缩变形也同样成立．

满足①②式的材料叫作稳定材料．反之对于如图 23-4 所示的两种情形，在 D 点以后显然此二式不成立，那是一种不稳定材料，我们此后只讨论稳定材料的情形．

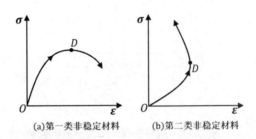

(a)第一类非稳定材料 (b)第二类非稳定材料

图 23-4　两种非稳定材料

【例题 i】理想弹塑性材料超静定结构拉压

如图 23-5 所示为由理想弹塑性材料制成的组合结构，左侧圆杆 1 和右侧圆杆 2，其材料常数和几何参数分别为：E_1、A_1、σ_{s1}、ε_{s1}、E_2、A_2、σ_{s2}、ε_{s2}，总长为 L．

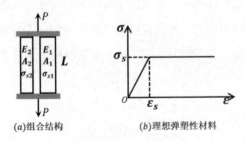

(a)组合结构 (b)理想弹塑性材料

图 23-5　组合结构和理想弹塑性材料 $\sigma - \varepsilon$ 图

试问：若 $\sigma_{s1} > \sigma_{s2}$，圆杆 1 和圆杆 2 分别进入屈服时的外力为 P_1、P_2，在 $P_1 < P < P_2$ 时卸载，求卸载后残余应力的表达式．

解：

因为是在 $P_1 < P < P_2$ 时卸载，所以还未达到组合结构的塑性屈服，即此时仅 2 结构发生了塑性屈服而 1 结构还处于弹性阶段，所以是在 A 点和 B 点之间的 D 点发生的卸载．各结构 $\sigma - \varepsilon$ 的关系，如图 23-6 所示：

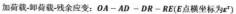

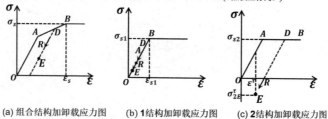

(a) 组合结构加卸载应力图　(b) 1结构加卸载应力图　(c) 2结构加卸载应力图

图 23-6　结构加载和卸荷的图

（1）解法一，超静定解题思路

假设卸荷之后两单元解除相互之间的约束，即下面的刚体去除．此时

$$L_1 = L, \ L_2 = L(1 + \varepsilon_D - \varepsilon_{s2})$$

然后再对其施加荷载，使其达到同一高度，如图 23-7 所示：

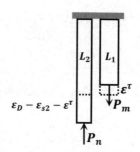

图 23-7　去除约束的组合构件

此时变形协调公式为

$$L'_1 = L(1 + \varepsilon^\tau), \ L'_2 = L'_1 = L(1 + \varepsilon^\tau)$$

则

$$\varepsilon_2 = \frac{L_2 - L'_2}{L} = \varepsilon_D - \varepsilon_{s2} - \varepsilon^\tau$$

物理公式为

$$P_m = E_1 A_1 \varepsilon^\tau$$
$$P_n = E_2 A_2 (\varepsilon_D - \varepsilon_{s2} - \varepsilon^\tau)$$
$$P_m = P_n$$

则

$$\varepsilon^\tau = \frac{A_2 E_2 (\varepsilon_D - \varepsilon_{s2})}{A_1 E_1 + A_2 E_2}$$

（2）解法二，施加反力 P' 的方法

这是解塑性力学问题较为常见的一种方法，即卸去外力可以等效为施加外反力 P'，但它引

起的应力应按弹性公式计算（具体原因见材料 2 不会在压缩方向屈服）

$$P_1 = E_1 A_1 \varepsilon_p$$

$$P_2 = E_2 A_2 \varepsilon_p$$

$$P = P' = P_1 + P_2$$

代入变形方程

$$\varepsilon_D - \varepsilon_p = \varepsilon^\tau$$

其中

$$\varepsilon_P = \frac{P}{E_1 A_1 + E_2 A_2}$$

$$\varepsilon_D - \frac{P}{E_1 A_1 + E_2 A_2} = \varepsilon^\tau$$

将

$$P_D = A_1 E_1 \varepsilon_D + A_2 E_2 \varepsilon_{s2} \quad ⑤$$

代入得

$$\varepsilon^\tau = \frac{A_2 E_2 (\varepsilon_D - \varepsilon_{s2})}{A_1 E_1 + A_2 E_2}$$

（3）解法三，从 $\sigma - \varepsilon$ 图出发

如图 23-6，建立外力 P 和残余应变之间的公式，从残余应力的定义去理解.

总外力表达式为

$$P = A_1 \sigma_1 + A_2 \sigma_2 \quad ①$$

a. 在弹性阶段，当 $P < P_1 < P_2$，即 OA 段，

此时 1、2 构件均处于弹性阶段 $\sigma_1 = E_1 \varepsilon$，$\sigma_2 = E_2 \varepsilon$，

此时

$$P = A_1 E_1 \varepsilon + A_2 E_2 \varepsilon \quad ②$$

若 $\varepsilon = \varepsilon_{s2}$，即图中的 A 点，此时材料 2 结构达到弹性极限，则②改写为

$$P_1 = P_A = A_1 E_1 \varepsilon_{s2} + A_2 E_2 \varepsilon_{s2} \quad ③$$

b. 在弹塑性阶段，当 $P_1 < P < P_2$，即 AB 段.

此时 2 构件出现塑性屈服，1 构件还处于弹性阶段时，$\sigma_1 = E_1 \varepsilon$，$\sigma_{s2} = E_2 \varepsilon_{s2}$，

此时

$$P = A_1 E_1 \varepsilon + A_2 E_2 \varepsilon_{s2} \quad ④$$

若 $\varepsilon = \varepsilon_D$，即图中 AB 段上的 D 点时卸载，则④改写为

$$P_D = A_1 E_1 \varepsilon_D + A_2 E_2 \varepsilon_{s2} \quad ⑤$$

c. 在塑性阶段，当 $P_1 < P_2 < P$，即 B 段，

此时 1、2 构件均处于塑性屈服阶段，$\sigma_1 = E_1 \varepsilon_{s1}$，$\sigma_{s2} = E_2 \varepsilon_{s2}$，

此时
$$P_2 = P_B = A_1 E_1 \varepsilon_{s1} + A_2 E_2 \varepsilon_{s2} \quad ⑥$$

综上，

由题意可知，是在 $P_1 < P < P_2$ 阶段卸载，所以可设卸荷前的外力 $P = P_D$，则改写⑤为
$$\varepsilon_D = \frac{P - A_2 E_2 \varepsilon_{s2}}{A_1 E_1} \quad ⑦$$

卸荷后，残余应力导致的变形，即 RE 段.

一是，由图 23-6-(b) 可知，1 杆件残余应力应变曲线需要用 $R_1 E$ 段来表示，其表达式为
$$\sigma_1^\tau = E_1 \varepsilon^\tau \quad ⑧$$

即 ε^τ 为始终弹性变形杆件 1 的变形量，并且因为该超静定结构两根杆件的总长始终一样，所以能代表整体的应变.

二是，由图 23-6-(c) 可知，杆件 2 残余应力应变曲线需要用 $R_2 E$ 段来表示，其表达式为
$$\sigma_2^\tau = E_2(\varepsilon - \varepsilon_{R_2}) \quad ⑨$$

式子中 $\varepsilon_{R2} = \Delta \varepsilon_{AD} = \varepsilon_D - \varepsilon_{\varepsilon2}$.

杆件 2 中 E 的横坐标为：$OE_y = \varepsilon^\tau$，即 $\varepsilon_E = \varepsilon^\tau$，因为此时 2 杆件已经恢复**弹性变形**了，将 E 点坐标代入，所以此时 2 杆件中的残余应力为
$$\sigma_2^\tau = \sigma_E = E_2[\varepsilon^\tau - (\varepsilon_D - \varepsilon_{s2})] \quad ⑩$$

（如果杆件 2 在压缩方向屈服，应变还需要考虑压缩屈服时的塑性应变，具体证明见下）

其中 σ_1^τ 为拉应力，为正. σ_2^τ 为压应力，为负.

卸荷后两杆件应均为弹性受力杆件，此时代入①式得
$$P = A_1 \sigma_1^\tau + A_2 \sigma_2^\tau = A_1 E_1 \varepsilon^\tau + A_2 E_2[\varepsilon^\tau - (\varepsilon_D - \varepsilon_{s2})] \quad ⑪$$

此时因为完全卸荷，所以令外力 $P = 0$，则可得残余应变为
$$\varepsilon^\tau = \frac{A_2 E_2(\varepsilon_D - \varepsilon_{s2})}{A_1 E_1 + A_2 E_2} \quad ⑫$$

将 e^τ 代替式⑧⑩中，最后得残余应力为
$$\sigma_1^\tau = E_1 \varepsilon^\tau = \frac{A_2 E_1 E_2}{A_1 E_1 + A_2 E_2}(\varepsilon_D - \varepsilon_{s2})$$
$$\sigma_2^\tau = E_2[\varepsilon^\tau - (\varepsilon_D - \varepsilon_{s2})] = -\frac{A_1 E_1 E_2}{A_1 E_1 + A_2 E_2}(\varepsilon_D - \varepsilon_{s2})$$

请注意，上式成立的条件是材料 2 不在压缩方向屈服，因为认为杆件 2 残余应力应变曲线（即 RE 段）表达式为
$$\sigma_2^\tau = E_2(\varepsilon - \varepsilon_{R_2}) \quad ⑬$$

即表示在压缩过程中 2 杆件内的应力应变是始终在这样一条直线上的.

具体证明：该公式中 2 杆件在压缩方向不屈服.

如果 2 构件在压缩方向屈服，即假设该模型中 1 杆件弹性很强，而 2 杆件弹性能力很弱，但为理想弹塑性材料.

如图 23-8 所示，此时 2 构件的应力应变曲线图：

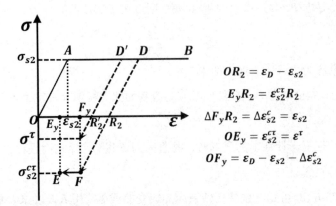

$$OR_2 = \varepsilon_D - \varepsilon_{s2}$$

$$E_y R_2 = \varepsilon_{s2}^{c\tau} R_2$$

$$\Delta F_y R_2 = \Delta \varepsilon_{s2}^{c} = \varepsilon_{s2}$$

$$OE_y = \varepsilon_{s2}^{c\tau} = \varepsilon^{\tau}$$

$$OF_y = \varepsilon_D - \varepsilon_{s2} - \Delta \varepsilon_{s2}^{c}$$

图 23-8　构件 2 卸载后残余应力达到压缩屈服极限

加荷载 - 卸荷载 - 残余应力：$OA - AD - DR_2 - R_2F - FE$；

此时

$$\sigma_{s2}^{c\tau} = \sigma_{S2}$$

$$\varepsilon_{s2}^{c\tau} = \varepsilon^{\tau}$$

且满足下式

$$\Delta \varepsilon_{s2}^{c} = \Delta F_y R_2 = \Delta O\varepsilon_{s2} = \varepsilon_{s2}$$

即

$$(\varepsilon_D - \varepsilon_{s2}) - \Delta OF_y = \varepsilon_{s2}$$

此时

$$\varepsilon_D = 2\varepsilon_{s2} + \Delta OF_y$$

$$\Delta OF_y = \Delta OE_y + \Delta E_y F_y = \varepsilon^{\tau} + \Delta E_y F_y$$

其中 ΔOE_y 为残余应变，$\Delta E_y F_y$ 为构件 2 在压缩屈服阶段的塑性变形量.

如果想计算残余应变即为 $\varepsilon^{\tau} = \Delta OF_y - \Delta E_y F_y$，这种塑性构件计算较为麻烦，比较简便的方法是利用静力平衡和弹性构件 1 来进行计算.

代入静力平衡公式④，可写为

$$P = A_2(\sigma_{s2}^{c})^{\tau} + A_1(\sigma_1')^{\tau} = 0$$

可得 σ_1'；

变形协调和弹性构件的胡克定律 $\varepsilon^{\tau} = \varepsilon_1 = \dfrac{\sigma_1'}{E_1}$，可得 ε^{τ}.

请注意，构件 2 在压缩方向屈服的临界状态为 $\Delta E_y F_y = 0$，$\Delta OF_y = \Delta OE_y$，即此时恰好

不发生塑性压缩变形.

此时 $\Delta OF_y = \Delta OE_y = \varepsilon^\tau$.

根据公式⑫

$$\varepsilon^\tau = \frac{A_2 E_2 (\varepsilon_D - \varepsilon_{s2})}{A_1 E_1 + A_2 E_2} \qquad ⑫$$

可改写为

$$e_D = \left(2 + \frac{A_2 E_2}{A_1 E_1}\right) e_{s2}$$

即可得

当 $e_D \le \left(2 + \frac{A_2 E_2}{A_1 E_1}\right) e_{s2}$ 时，此时材料 2 不会在压缩方向屈服，如直线 $D'R_2'$；

当 $e_D > \left(2 + \frac{A_2 E_2}{A_1 E_1}\right) e_{s2}$ 时，此时材料 2 会在压缩方向屈服.

23.5　残余应力和疲劳强度之间的联系

如果材料具有拉伸残余应力，相当于提高了应力 - 应变曲线的坐标原点，即相当于降低了材料的拉伸屈服极限. 如果材料具有压缩残余应力的情况，使拉伸屈服极限提高，而压缩屈服极限降低. 当受到交变应力的构件存在压缩残余应力时，该构件的疲劳强度会有所提高，而存在拉伸残余应力时其疲劳强度会有所下降. 因此在实际应用中往往通过表面硬化处理产生压缩残余应力，从而有效地提高疲劳强度.

【例题 ii】理想弹塑性材料空心圆轴扭转

如图 23-9 所示空心圆轴内半径 $r_1 = 20mm$，外半径 $r_3 = 50mm$，材料的剪切屈服极限 $\tau_s = 120MPa$，截面受到扭矩 $T = 28kN\cdot m$ 作用，试求：

（1）弹性区半径 r_2 和扭矩 T 的关系；

（2）弹性区半径 r_2 的大小；

（3）卸载后的残余应力分布.

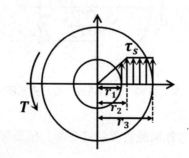

图 23-9　空心圆扭转弹塑性应力分布图

解：

（1）截面扭矩为

$$T = \int_{r_1}^{r_2} \rho \, \frac{\tau_s \rho}{r_2} \cdot 2\pi\rho d\rho + \int_{r_2}^{r_3} \rho\tau_s \cdot 2\pi\rho d\rho$$

化简得

$$4r_3{}^3 - \frac{3r_1{}^4}{r_2} - r_2{}^3 = \frac{6T}{\pi\tau_s}$$

（2）将 $r_1 = 20mm$，$r_3 = 50mm$，$\tau_s = 120MPa$，$T = 28kN\cdot m$ 代入上式，解得 $r_2 = 34.4mm$.

（3）卸去外力矩后，即施加反向作用 T'，但它引起的应力应按弹性公式计算（具体原因见上一题），满足

$$T' = T = \int_{r_1}^{r_3} \rho \cdot \tau \cdot 2\pi\rho d\rho$$

根据公式 $\tau_\rho = \frac{T\rho}{I_p}$，得

$$\tau_{max} = \tau_3' = \frac{Tr_3}{I_p} = 146.4MPa$$

截面各处的反应力为

$$\tau_2' = \tau_3' \frac{r_2}{r_3} = 100.7MPa$$

$$\tau_1' = \tau_3' \frac{r_1}{r_3} = 58.6MPa$$

最终的残余应力为

$$\tau_1 = \tau_s \cdot \frac{r_1}{r_2} - \tau_1' = 120 \times \frac{20}{34.4} - 58.6 = 11.2MPa$$

$$\tau_2 = \tau_s - \tau_2' = 120 - 100.7 = 19.3MPa$$

$$\tau_3 = \tau_s - \tau_3' = 120 - 146.4 = -26.4MPa$$

具体应力分布如图 23-10 所示：

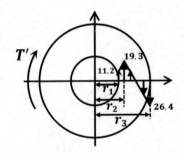

图 23-10　空心圆残余应力分布图

【例题 iii】理想弹塑性矩形截面悬臂梁的纯弯曲，截面弯矩和曲率的关系及塑性铰

矩形截面悬臂梁及所取坐标系如图 23-11 所示．梁的两端受弯矩 M 作用，梁的截面高为 h、宽为 b，梁的材料为理想弹塑性．现在以此梁为例，说明梁的弹塑性分析方法．

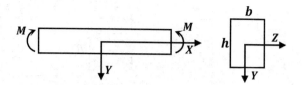

图 23-11　矩形截面梁及所取坐标系

解：

（1）基本关系式

按照梁的初等弯曲理论

（参考第 8 章 弯矩公式推导）

$$\int_{-h/2}^{h/2} \sigma y dA = 2b \int_0^{h/2} \sigma y dy = M \quad ①$$

弯矩 M 以 y 轴正向的外层纤维受拉为正.

（2）截面弯矩和曲率的关系及塑性铰

a. 当截面 M 逐渐增大时，整个截面在最开始都处于弹性状态，因此

$$\sigma(y) = E\frac{y}{\rho} \quad ②$$

$$M = M_z = E \cdot \frac{1}{\rho} \cdot I_z \quad ③$$

显然，当 M 增大时，最外层纤维将最先达到屈服，设与此对应的曲率为 $\frac{1}{\rho_e}$，则

$$\left|\sigma_{y=\pm\frac{h}{2}}\right| = E\frac{1}{\rho_e} \cdot \frac{h}{2} = \sigma_s$$

$$\frac{1}{\rho_e} = \frac{2\sigma_s}{Eh}$$

此处及下文，$\frac{1}{\rho_e}$ 均取正值. 对应于 $\frac{1}{\rho_e}$ 的弯矩用 M_e（亦取正值）表示，叫作**弹性极限弯矩**，M_e，即整个梁截面的最危险点上的应力此时达到了弹性极限

$$M_e = E \cdot \frac{1}{\rho_e} \cdot I_z = \frac{bh^2}{6}\sigma_s = W_z \cdot \sigma_s$$

亦或者 $\sigma_{max} = \sigma_s = \frac{M_e}{I_z} \cdot \frac{h}{2} = \frac{M_e}{W_z}$ ，也可以得到上式.

b. 再继续施加外力弯矩，当 $M > M_e$ 时，梁截面的外层纤维的应变继续增大，但应力值保持为 σ_s，塑性区向截面内扩展，且符合弯曲平截面假定，如图 23-12 所示. 所以下式中的 $|\rho|$、ρ_e 对应的是不同弯矩条件下的曲率.

设弹、塑性区的交界面高度为

$$y = \eta \times \frac{h}{2} \quad (0 \le |\eta| \le 1)$$

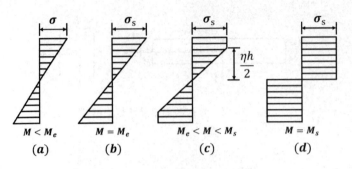

图 23-12　梁横截面应力分布图

在交界面处，对应的曲率为

$$|\sigma| = E\left|\frac{1}{\rho}\right| |\eta| \times \frac{h}{2} = \sigma_s$$

$$\left|\frac{1}{\rho}\right| = \frac{2\sigma_s}{Eh} \cdot \frac{1}{|\eta|} = \frac{1}{\rho_e} \times \frac{1}{|\eta|}$$

则

$$|\eta| = \frac{|\rho|}{\rho_e}$$

η 是一个与 y 有关的变量，

此时对应的弯矩为

$$|M(\eta)| = 2b\left[\int_0^{\eta h/2} E\frac{y}{\rho} \cdot ydy + \int_{\eta h/2}^{h/2} \sigma_s \cdot ydy\right] = \frac{bh^2}{12}\sigma_s(3 - \eta^2)$$

因为 $M_e = \frac{bh^2}{6}\sigma_s$，$\eta = \frac{|\rho|}{\rho_e}$，所以

$$M(\eta) = \frac{1}{2}M_e(3 - \eta^2)$$

$$\frac{M(\eta)}{M_e} = \frac{1}{2}\left[3 - \left(\frac{\rho}{\rho_e}\right)^2\right]$$

c. 当截面全部进入塑性状态时，即中性轴处的正应力也达到了弹性极限，交界面高度 $y = \eta \times \frac{h}{2} \to 0 \Rightarrow \eta \to 0$，此时 $|\rho| \to 0$. 对应的弯矩用 M_s（恒取正值）表示，叫作塑性极限弯矩，简称极限弯矩. 所以可得

$$\frac{M_s}{M_e} = \gamma = \frac{3}{2}$$

$$M_s = \frac{bh^2}{4}\sigma_s$$

其中 $\gamma = M_s/M_e$，叫作截面形状系数，是不小于一的值，是一个实数，为按塑性极限弯矩设计与按弹性弯矩设计时梁截面的强度比. 按照前者设计可以更充分地发挥材料的潜力.

23.6　常见截面的截面形状系数

如图 23-13 所示，其中图 23-13-(a) 为理想截面，即假定只有截面的上下层纤维承受轴向应力，中间部分只起联结作用，不承受应力．

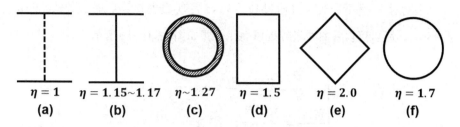

$$\eta = 1 \quad \eta = 1.15{\sim}1.17 \quad \eta{\sim}1.27 \quad \eta = 1.5 \quad \eta = 2.0 \quad \eta = 1.7$$
$$\text{(a)} \qquad \text{(b)} \qquad \text{(c)} \qquad \text{(d)} \qquad \text{(e)} \qquad \text{(f)}$$

图 23-13　常见截面的截面形状系数

23.7　塑性铰

23.7.1　塑性铰的推导

当全为弹性，未出现塑性时

$$\frac{1}{\rho} = \frac{M}{EI_z}$$

此时 $\frac{M}{M_e} = \frac{\rho_e}{\rho} \leq 1$．

当出现塑性时，以推导的矩形截面为例

$$\frac{M(\eta)}{M_e} = \frac{1}{2}\left[3 - \left(\frac{\rho}{\rho_e}\right)^2\right] = \frac{1}{2}\left[3 - \left(\frac{\rho}{\rho_e}\right)^2\right]$$

此时

$$\frac{M(\eta)}{M_e} = \frac{1}{2}\left[3 - \left(\frac{1}{\rho_e/\rho}\right)^2\right]$$

其中，$1 \leq \frac{M(\eta)}{M_e} \leq \gamma$，矩形截面的截面形状系数 γ 为 1.5；$\frac{\rho_e}{\rho} \geq 1$．

综上，

则可画图 23-14：

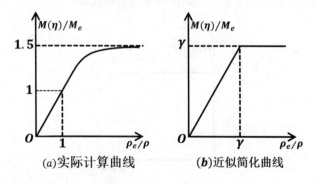

(a)实际计算曲线　　　　(b)近似简化曲线

图 23-14　计算曲线

由图 23-14-(a) 可见，虽然此时已经采用了理想弹塑性模型，但当 $1 \leq \frac{M(\eta)}{M_e}$ 时，$\frac{M(\eta)}{M_e} \sim \frac{\rho_e}{\rho}$ 仍然为曲线，这对计算很不方便. 但通过拟合可以发现，当 $\frac{\rho_e}{\rho} = 5$ 时，$\frac{M(\eta)}{M_e} = 1.480$，很接近 $\frac{M_s}{M_e} = \gamma = 1.5$，所以可以将曲线进行近似简化，即如图 23-14-(b) 所示，

此时

$$\begin{cases} \dfrac{M}{M_e} = \dfrac{\rho_e}{\rho}, & \dfrac{\rho_e}{\rho} \leq \gamma \\ \dfrac{M(\eta)}{M_e} = \dfrac{M_s}{M_e} = \gamma, & \dfrac{\rho_e}{\rho} \geq \gamma \end{cases}$$

即当截面完全进入塑性状态后，曲率可以任意增长. 这时可将截面形象地看作一个铰，称为**塑性铰**，它和通常的铰不同，可以承受一定弯矩. 在实际运用中，可以通过桥梁的塑性变形来分担和耗散地震能量，如图 23-15 所示：

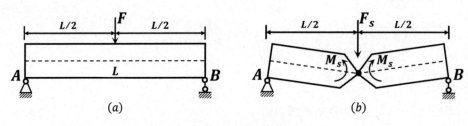

(a) (b)

图 23-15　塑性铰

23.7.2　塑性铰具有以下特征

（1）弯矩值保持为极限弯矩：$|M| = M_s$；

（2）铰的转角 θ 可任意增大，但必须同弯矩 M 的方向一致，因此它是个单向转动的铰. 若截面上 $|M|$ 从 M_s 减小，即卸载，铰就停止转动，保持一个残余转角.

考虑到截面全部进入塑性状态后，变形可任意增长. 因此弹性变形可略去不计，还可将图 23-14-(b) 进一步简化，如图 23-16 所示，叫作理想刚塑性模型.

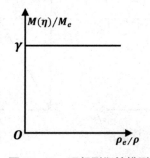

图 23-16　理想刚塑性模型

【例题 iv】

矩形截面悬臂梁的弹塑性变形分析.

解：

梁内弯矩为

$$M(x) = -F(L - x)$$

最大弯矩（绝对值）在 $x = 0$ 处，即危险面处.

危险截面刚出现塑性时，即 $x = 0$ 时，$FL = M_e$，$M(x = 0) = -M_e$，表示该截面的最外层纤维的应力达到屈服极限 σ_s.

当 $FL > M_e$ 时，则表示 $0 \leq x \leq \xi L$ 段内所有截面都部分地进入塑性状态，其中 ξL 为弹性区段和塑性区段的交界面，$0 \leq \xi \leq 1$，所以可列下式

$$M(x = \xi L) = -M_e$$

即

$$-FL(1 - \xi) = -M_e \Rightarrow \xi = 1 - \frac{M_e}{FL}$$

而在塑性区段内，每一截面上的弹塑性交界 $\eta \times \frac{h}{2}$ 可有下式计算联立

$$|M(\eta)| = \frac{1}{2} M_e (3 - \eta^2) = F(L - x)$$

又因为 η，

即

$$\eta(x) = \pm \sqrt{3 - 2 \frac{F}{M_e}(L - x)}$$

当 $x = 0$，$M(x = 0) = -FL$ 时，$\eta(x = 0) = \pm \sqrt{3 - 2\frac{FL}{M_e}}$；

当 $x = \xi L$，$M(x = \xi L) = -FL(1 - \xi) = -M_e$ 时，$\eta(x = \xi L) = \pm 1$；

所以梁内塑性区如图 23-17 阴影部分所示：

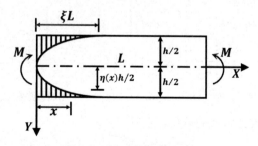

图 23-17　梁内塑性区图

（1）弹性解

当 $FL < M_e$ 时，则表示全梁处于弹性阶段，其变形规律为

$$w'' = \frac{-M(x)}{EI_z} = \frac{F(L-x)}{EI_z} = \frac{F(L-x)}{\rho_e \cdot M_e}$$

边界条件为 $w(0) = 0$，$w'(0) = 0$，

$$w(x) = \frac{Fx^2}{6\rho_e \cdot M_e}(3L-x) = \frac{FL^3}{6\rho_e \cdot M_e}\left[3\left(\frac{x}{L}\right)^2 - \left(\frac{x}{L}\right)^3\right], \quad (0 \le x \le L) \quad .$$

（2）弹塑性解

当 $FL > M_e$ 时，此时应该分段求解，$0 \le x \le \xi L$ 段内所有截面都部分地进入塑性状态，$\xi L \le x \le L$ 段内仍然按照弹性梁求解.

$0 \le x \le \xi L$ 段内

$$\frac{\rho(x)}{\rho_e} = \eta(x) = \pm\sqrt{3 - 2\frac{F}{M_e}(L-x)}$$

即

$$w_1'' = \rho_e\sqrt{3 - 2\frac{F}{M_e}(L-x)}$$

$\xi L \le x \le L$ 段内

$$w_2'' = \frac{F(L-x)}{EI_z} = \frac{F(L-x)}{\rho_e \cdot M_e}$$

边界条件及连续条件为

$$w_1(0) = 0, \quad w'_1(0) = 0$$

$$w_1(\xi L) = w_2(\xi L), \quad w'_1(\xi L) = w'_2(\xi L)$$

积分后可求出

$$w_1(x) = \frac{M_e^2}{3\rho_e F^2}\left[\left(3 - \frac{2FL}{M_e} + 2\frac{Fx}{M_e}\right)^{\frac{3}{2}} - \left(3 - 2\frac{FL}{M_e}\right)^{\frac{1}{2}} \times \left(3 - 2\frac{FL}{M_e} + \frac{3Fx}{M_e}\right)\right], \quad 0 \le x \le \xi L$$

$$w_2(x) = \frac{FL^3}{6\rho_e M_e}\left(1 - \frac{x}{L}\right)^3 + \frac{M_e x}{\rho_e F}\left[\frac{3}{2} - \sqrt{3 - 2\frac{FL}{M_e}}\right]$$

$$+ \frac{M_e^2}{3\rho_e F^2}\left[\frac{1}{2} - \frac{9}{2}\left(\frac{FL}{M_e} - 1\right) - \left(3 - \frac{2FL}{M_e}\right)^{\frac{3}{2}}\right], \quad \xi L \le x \le L$$

当 $FL \to 3M_e/2$ 时，在 $x = 0$ 处，$|M(0)| \to 3M_e/2$，$\eta(x=0) \to 0$，即该截面全部屈服，$\frac{M_s}{M_e} = \gamma = 1.5$，此时 $\frac{\rho_e}{\rho} \to \infty$，这表示梁在此截面的转角有间断.

（3）残余应力和残余应变

卸载应力和卸载曲率可按照弹性公式计算.

由于梁是外力静定的，在弹性阶段内，卸载后既没有残余应力，也没有残余应变. 如果外

力是超静定的则由于各截面的卸载弯矩一般不等于卸载前的弯矩，在弹性阶段内也可保持残余应力和残余应变.

卸载瞬时的弯矩 $M_e \leq |FL| \leq 1.5 M_e$，其值没有超过 $2M_e$，所以在全卸载后，在截面上不会出现反号的塑性变形，上述残余应力的计算可按照弹性公式.

主要参考文献

[1] 孙训方，方孝淑，关来泰 . 材料力学（I）[M].6 版 . 北京：高等教育出版社，2019.

[2] 孙训方，方孝淑，关来泰 . 材料力学（II）[M]. 6 版 . 北京：高等教育出版社，2019.

[3] 黄丽华 . 材料力学习题及精解 [M]. 武汉：武汉理工大学出版社，2014.

[4] 铁摩辛柯 . S. 材料力学 [M]. 天津：天津科学技术出版社，1989.

[5] 赵诒枢 . 材料力学习题详解 [M]. 武汉：华中科技大学出版社，2002.

[6] 刘鸿文 . 高等材料力学 [M]. 北京：高等教育出版社，1985.

[7] 刘鸿文 . 简明材料力学 [M]. 北京：高等教育出版社，2016.

[8] 刘鸿文，吕荣坤 . 材料力学实验 [M].2 版 . 北京：高等教育出版社，2006.

[9] 刘鸿文 . 材料力学 [M]. 6 版 . 北京：高等教育出版社，2017.

[10] 皮隆连科，等 . 材料力学手册 [M]. 北京：中国建筑工业出版社，1981.

[11] 丘益元，韩耀新 . 材料力学习题解答 [M]. 北京：科学出版社，1983.

[12] 胡增强 . 材料力学习题解析 [M]. 北京：清华大学出版社，2021.

[13] 王向东，邓爱民，朱为玄 . 材料力学 [M]. 北京：中国水利水电出版社，2012.

[14] 赵诒枢 . 材料力学习题同步解答 [M]. 武汉：华中科技大学出版社，2005.

[15] 陈玉丽，马勇，潘飞，等 . 多尺度复合材料力学研究进展 [J]. 固体力学学报，2018，39（01）：1-68.

[16] 李道奎，雷勇军，唐国金，等 . 材料力学竞赛主要题型分析 [J]. 力学与实践，2006（06）：85-86.

[17] 李颖，冯立富，郭书祥 . 材料力学教学中的一些生活和工程实例 [J]. 力学与实践，2005（02）：79-80.

致　谢

　　对于此书的编辑与出版，我深感感激．首先，我要衷心感谢我的老师、师兄和朋友们，他们的坚定支持与鼓励是我不断前行的重要动力！此外，本书部分内容的编撰得到宁波大学徐晨老师的指导，在此表示感谢．同时，对编辑部的所有老师我也表达深深谢意，他们一直以来耐心和细致的工作，确保了本书顺利出版．我再次对所有相关人员，表达我由衷的感谢！！！